淀粉工业排污许可监督管理

李 敏　王海燕　李 兴　等／编著

中国环境出版集团·北京

图书在版编目（CIP）数据

淀粉工业排污许可监督管理/李敏等编著．—北京：中国环境出版集团，2021.4
ISBN 978-7-5111-4663-2

Ⅰ．①淀…　Ⅱ．①李…　Ⅲ．①淀粉—食品工业—排污许可证—许可证制度—监管制度—研究—中国　Ⅳ．①X792

中国版本图书馆 CIP 数据核字（2021）第 034667 号

出 版 人　武德凯
责任编辑　丁莞歆
责任校对　任　丽
封面设计　宋　瑞

出版发行　中国环境出版集团
（100062　北京市东城区广渠门内大街 16 号）
网　　址：http：//www.cesp.com.cn
电子邮箱：bjgl@cesp.com.cn
联系电话：010-67112765（编辑管理部）
010-67147349（第四分社）
发行热线：010-67125803，010-67113405（传真）
印　　刷　北京建宏印刷有限公司
经　　销　各地新华书店
版　　次　2021 年 4 月第 1 版
印　　次　2021 年 4 月第 1 次印刷
开　　本　787×960　1/16
印　　张　12.5
字　　数　180 千字
定　　价　49.00 元

前 言

淀粉工业是轻工业中有机污染物排放量较大的重污染行业，尤其是其排放的废水中含有的化学需氧量、生物需氧量、氨氮、总磷、总氮这些污染物更是我国“十三五”和“十四五”时期水生态环境管控及总量控制的主要对象。当前，淀粉工业产业链进一步延伸，除提取淀粉外还提取植物蛋白、维生素、纤维素和食用油等产品，变性淀粉的品种也越来越多。随着淀粉工业提取物种类的增加和污水处理技术的发展，其生产废水的污染治理及管理水平也在提高，淀粉清洁生产技术日趋完善。但因淀粉工业生产原料及产品的提取不能达到100%，生产废水中有机污染物含量仍然较高，加之产品品质的提高带来的对产品纯度要求的提升，使淀粉工业生产的耗水量大增，进而增加了淀粉工业排污许可的难度。

本书是在水专项“淀粉工业水污染物许可排放限值及合规判定技术集成研究”课题研究的基础上编写的，主要编写人员如下：

主编：李敏、王海燕、李兴。

参编：王宏洋、赵鑫、任春、王延红。

本书通过对产品、生产工艺、产污环节及管理标准分级、控制技术等相关内容的研究，介绍了淀粉工业的现状，梳理了淀粉工业各种产品的生产工艺及产污节点，推荐了淀粉工业水污染物处理工艺及清洁生产技术，研究了目前淀粉工业水污染物的相关排放标准等级及达标技术、经济可行性分析等内容，从专业角度对淀粉工业排污许可管理进行了相关标准的解读。主要内容包括淀粉工业概况、淀粉工业国内外环境管理、淀粉工业固定源排污许可限值确定技术研究、淀粉工业固定源排污许可达标判定技术研究、淀粉工业污染物削减潜力与成本分析、淀粉工业排污许可技术规范主要内容解读和淀粉工业排污许可证申请与审核要点。

本书旨在为企业、科研单位、教育部门和环境部门提供参考。鉴于作者水平有限，书中难免存在疏漏和不足之处，恳请广大读者批评指正。

编者

2020 年 9 月

目　录

第一章　淀粉工业概况

第一节　我国淀粉工业发展现状

一、原料情况

改革开放以来，我国淀粉及其制品工业得到了迅速发展。1989 年我国淀粉产量为 111.7 万 t，2016 年我国淀粉产量已达到约 2 300 万 t，其中玉米淀粉产量约占淀粉总产量的 95%。表 1-1 给出了 2009—2016 年我国利用不同原料生产淀粉的情况统计，表 1-2 是在表 1-1 的基础上统计的各类原料占比情况。由表 1-1 可知，我国淀粉生产的主要原料为玉米，其次是薯类。

表 1-1　我国利用主要含淀粉农产品生产淀粉的情况统计　　单位：万 t

年份 / 农产品种类		2009	2010	2011	2012	2013	2014	2015	2016
小麦淀粉		4	5	5	4	4	4	10	8
玉米淀粉		1 726	1 902	2 082	2 122	2 196	2 006	2 051	2 259
马铃薯淀粉		17	23	58	38	35	43	42	33
木薯淀粉		47	35	90	68	47	49	38	36
总计	薯类合计	64	58	148	106	82	92	80	69
	全部合计	1 794	1 965	2 235	2 232	2 282	2 102	2 141	2 336

资料来源：中国淀粉工业协会统计数据。

表 1-2 我国淀粉生产中各主要含淀粉农产品占比 单位：%

农产品种类＼年份	2009	2010	2011	2012	2013	2014	2015	2016
小麦淀粉	0.2	0.3	0.2	0.2	0.2	0.2	0.5	0.3
玉米淀粉	96.2	96.8	93.2	95.1	96.2	95.4	95.8	96.7
马铃薯淀粉	0.9	1.2	2.6	1.7	1.5	2.0	2.0	1.4
木薯淀粉	2.6	1.8	4.0	3.0	2.1	2.3	1.8	1.5
薯类合计	3.5	3.0	6.6	4.7	3.6	4.3	3.8	2.9

资料来源：中国淀粉工业协会统计数据。

二、玉米淀粉生产企业的空间分布

从空间分布来看，我国玉米淀粉生产企业主要集中在山东、河北、吉林、河南、陕西等地。根据 2016 年的统计数据，我国玉米淀粉生产企业的空间分布如图 1-1 所示。

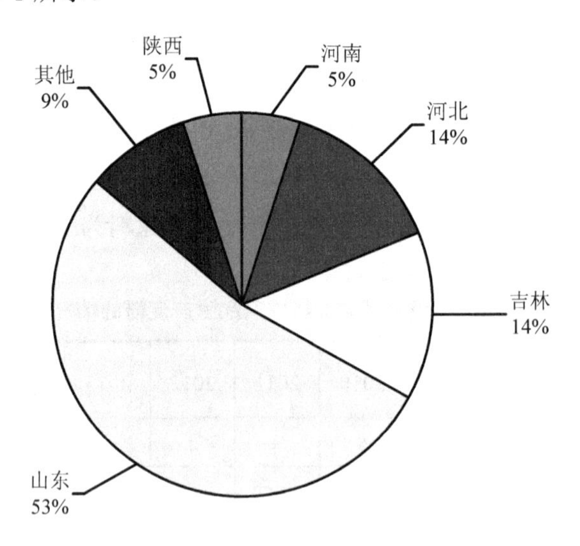

图 1-1 我国玉米淀粉生产企业的空间分布

三、玉米淀粉生产企业的生产规模

2010—2016 年，我国玉米淀粉生产企业的生产规模及企业数量变化见

表 1-3。

表 1-3　2010—2016 年我国玉米淀粉生产企业的生产规模及企业数量

年份	年产 100 万 t 以上		年产 40 万～100 万 t		年产 30 万～40 万 t		累计	
	企业数/家	产量占比/%	企业数/家	产量占比/%	企业数/家	产量占比/%	企业数/家	占总产量/%
2010	5	39	8	25	4	7	17	71
2011	5	40	9	27	5	8	19	75
2012	4	36	12	35	5	8	21	79
2013	6	49	9	25	2	3	17	77
2014	5	46	9	27	5	8	19	81
2015	4	40	12	37	5	8	21	85
2016	4	38	14	40	5	8	23	86

2016 年，年产 30 万 t 以上的玉米淀粉企业有 23 家，产量合计占玉米淀粉总产量的 86%，达到 1 943 万 t。部分深加工企业建立了相对完善的深加工产品链条，占有较高的市场份额，未来小企业的生存空间将进一步萎缩，集团化、规模化是玉米淀粉加工业的发展趋势。2016 年，玉米淀粉年产量 100 万 t 以上的企业有 4 家，其中诸城兴贸玉米开发有限公司是玉米淀粉产量最高的企业，其次为西王集团、中粮生物化学（安徽）股份有限公司和山东寿光巨能金玉米开发有限公司。

四、主要产品、原辅料和燃料

1．主要产品

淀粉工业的主要产品包括淀粉，淀粉乳，淀粉糖，变性淀粉，粉丝、粉条、粉皮、凉粉、凉皮等淀粉制品，葡萄糖酸盐，胚芽，纤维，喷浆玉米皮，蛋白粉，谷朊粉，麦芽糊精，结晶糖等。

2．主要原料

淀粉工业的原料种类包括谷类（玉米、小麦、大米、大麦、燕麦、荞麦、高粱）、薯类（马铃薯、木薯、甘薯）、豆类（蚕豆、绿豆、豌豆、赤豆）、其他含淀粉植物（葛根、藕、山药、香蕉、芭蕉芋、橡子、白果）、淀粉、淀粉乳、葡萄糖及其他。

3．主要辅料

淀粉工业的辅料种类包括硫黄、石灰、酶制剂、酸类、碱类、硫酸盐、活性炭、助滤剂、氧化剂、酯化剂、醚化剂、交联剂及其他。其中，主要辅料指以下几类：

①酶制剂：液化酶、糖化酶、β-淀粉酶、真菌淀粉酶、葡萄糖氧化酶、葡萄糖异构酶、过氧化氢酶、转苷酶。

②酸类：硫酸、盐酸。

③碱类：氢氧化钠、液氨、碳酸钠、碳酸氢钠。

④硫酸盐：硫酸镁、硫酸钙、硫酸铵、硫酸钠、硫酸铝。

⑤活性炭：干粉活性炭、湿粉活性炭、颗粒活性炭。

⑥助滤剂：珍珠岩、活性白土、硅藻土。

⑦氧化剂：过氧化氢（双氧水）、次氯酸钠、高锰酸钾。

⑧酯化剂：乙酸酐、磷酸氢二钠、三聚磷酸钠、辛烯基琥珀酸酐、醋酸乙烯酯、醋酸乙烯。

⑨醚化剂：环氧乙烷、环氧丙烷、丙烯腈、氯乙酸、*N*-(3-氯-2-羟基丙基)-*N*,*N*,*N*-三甲基氯化铵（CTA）。

⑩交联剂：环氧氯丙烷、甲醛+三偏磷酸钠、己二酸。

4．主要燃料

淀粉工业的燃料种类包括煤、重油、柴油、天然气、液化石油气、焦炭、生物质燃料及其他。

五、主要生产工艺

淀粉工业主要生产工艺流程如图 1-2 至图 1-12 所示。

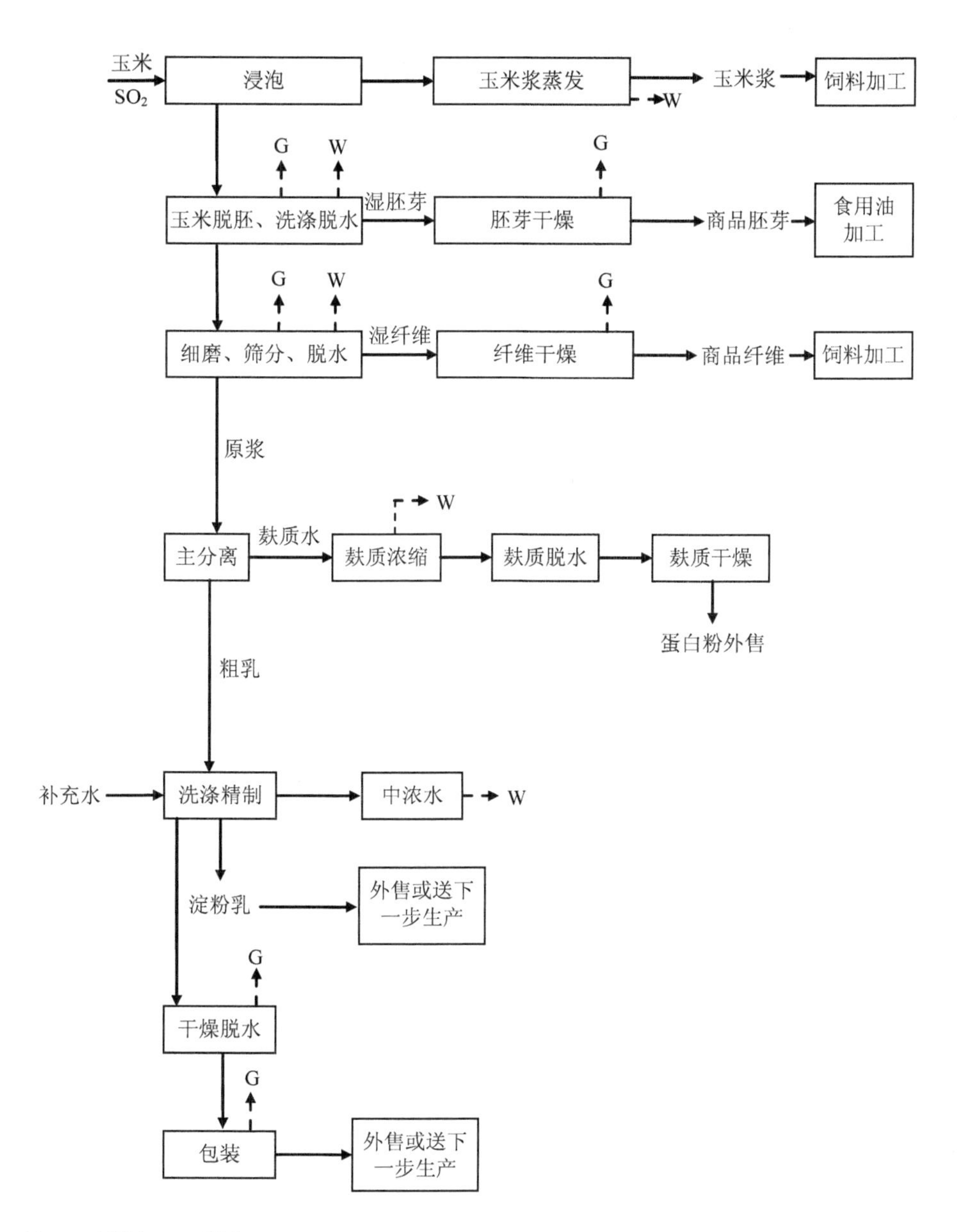

注：G-废气；W-废水。

图 1-2　玉米淀粉生产工艺流程及产排污节点

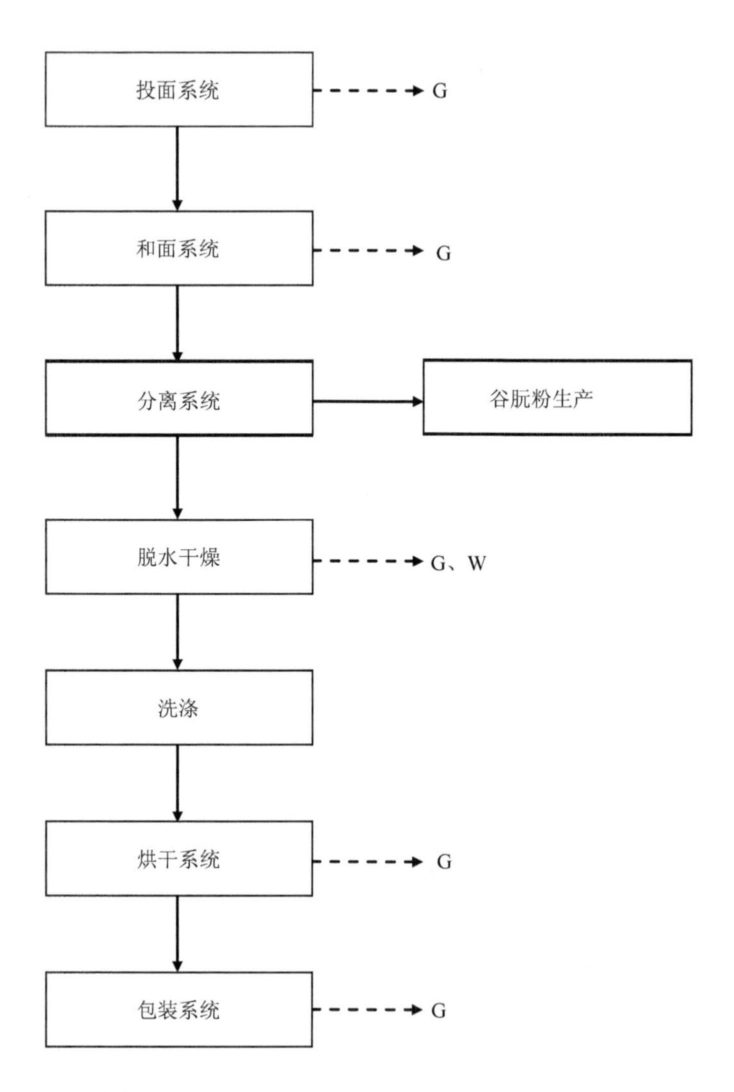

注：G-废气；W-废水。

图 1-3　小麦淀粉及副产品（谷朊粉）生产工艺流程及产排污节点

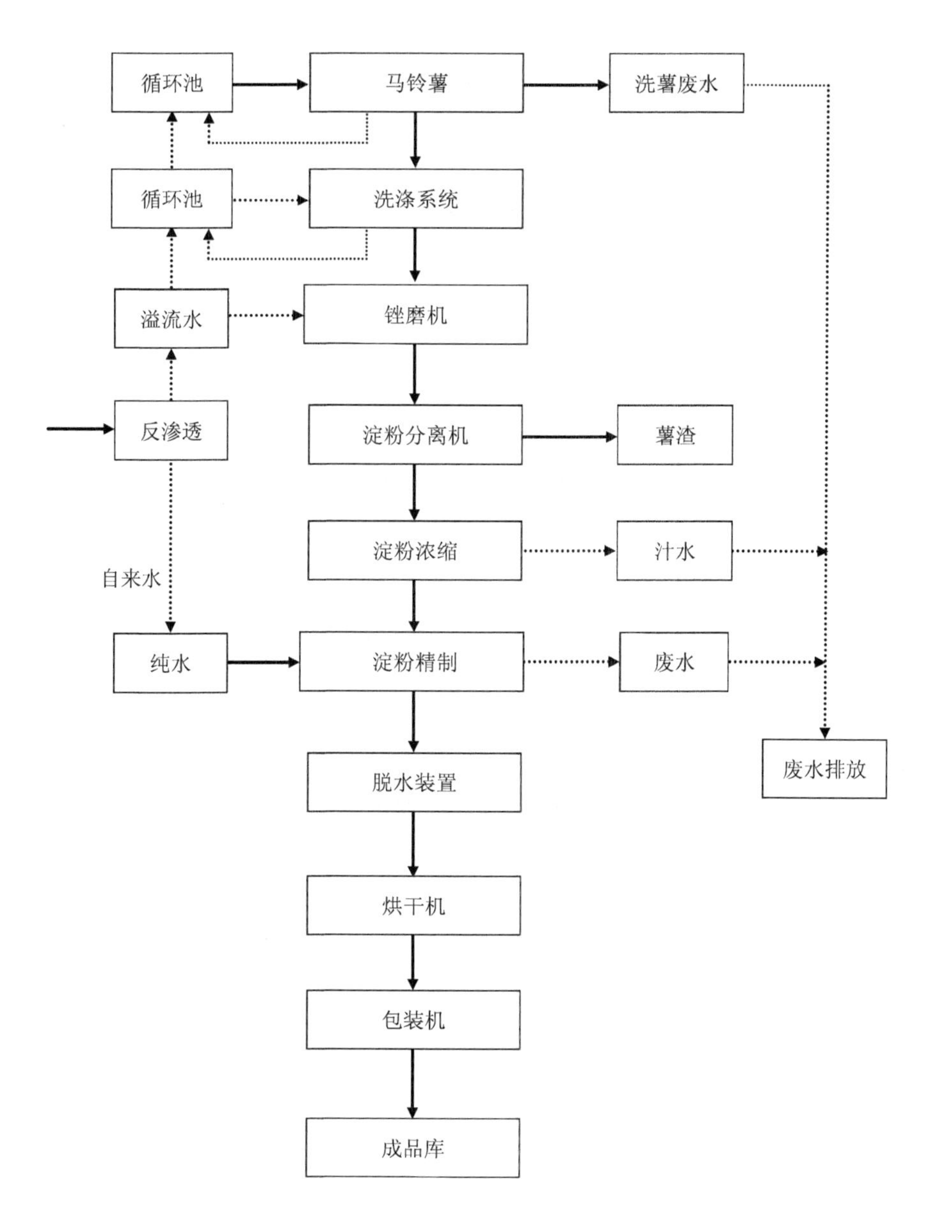

图 1-4　薯类淀粉生产工艺流程及产排污节点

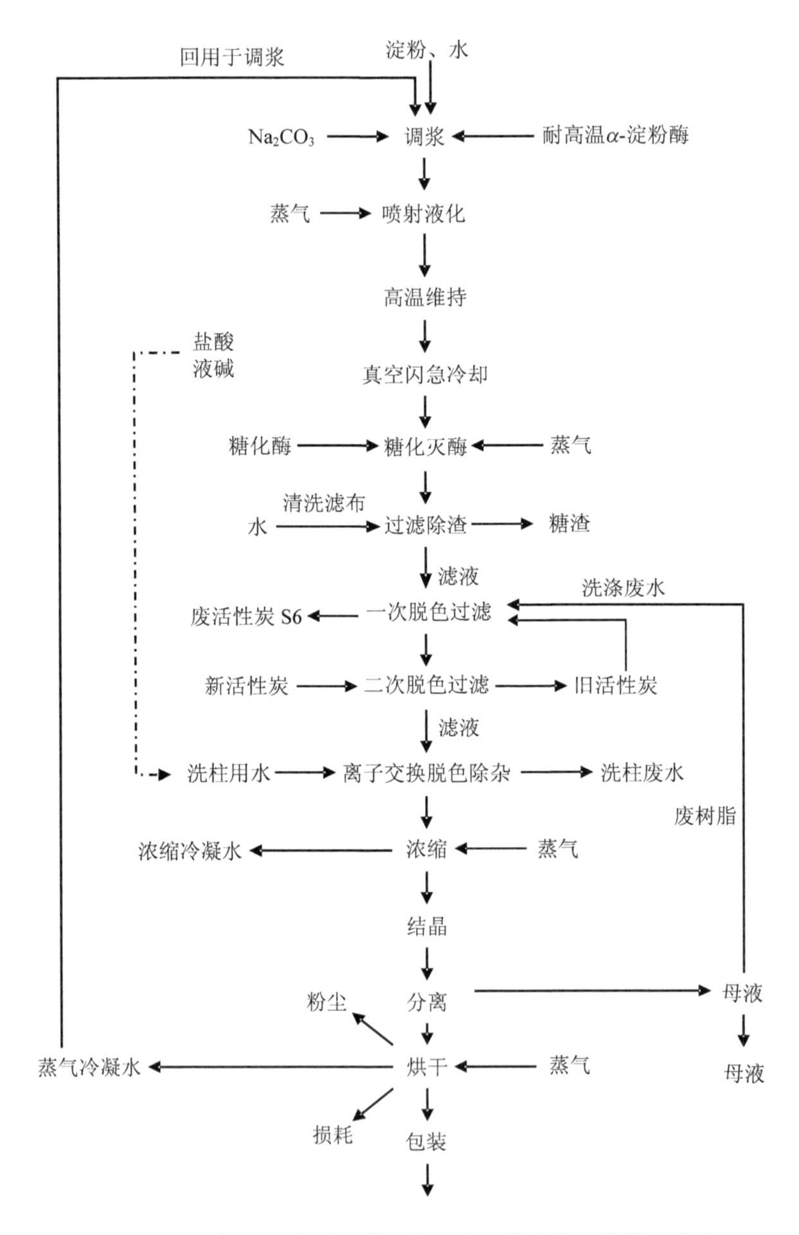

图 1-5 淀粉生产中结晶葡萄糖生产工艺流程及产排污节点

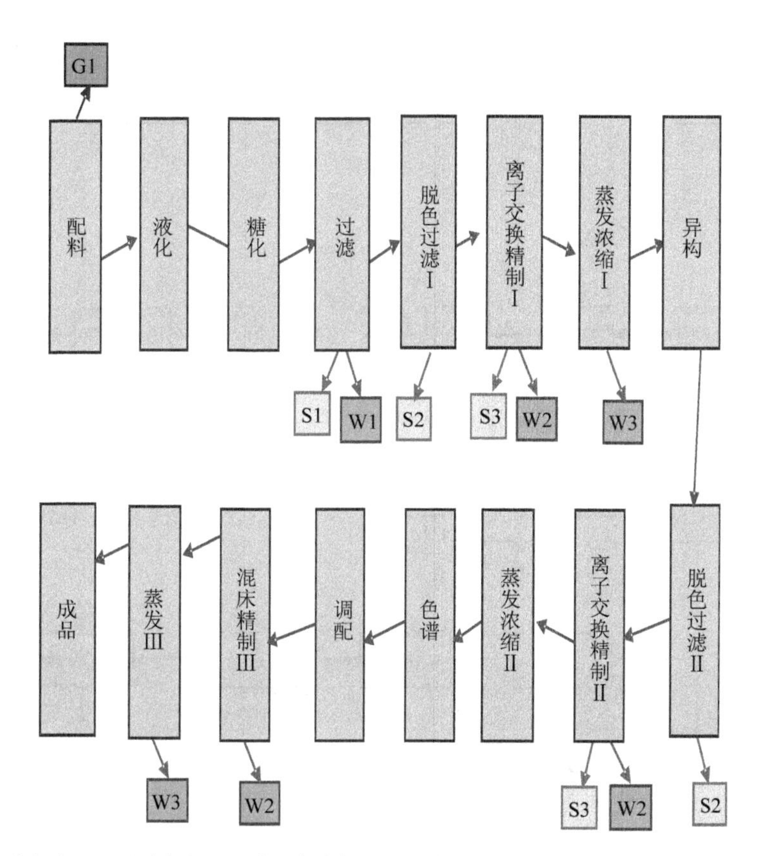

注：G1-收尘渣；W1-洗滤布水；W2-离子交换废水；W3-蒸发液；S1-粗滤渣；S2-废活性炭；S3-废树脂。

图 1-6　果糖生产工艺流程及产排污节点

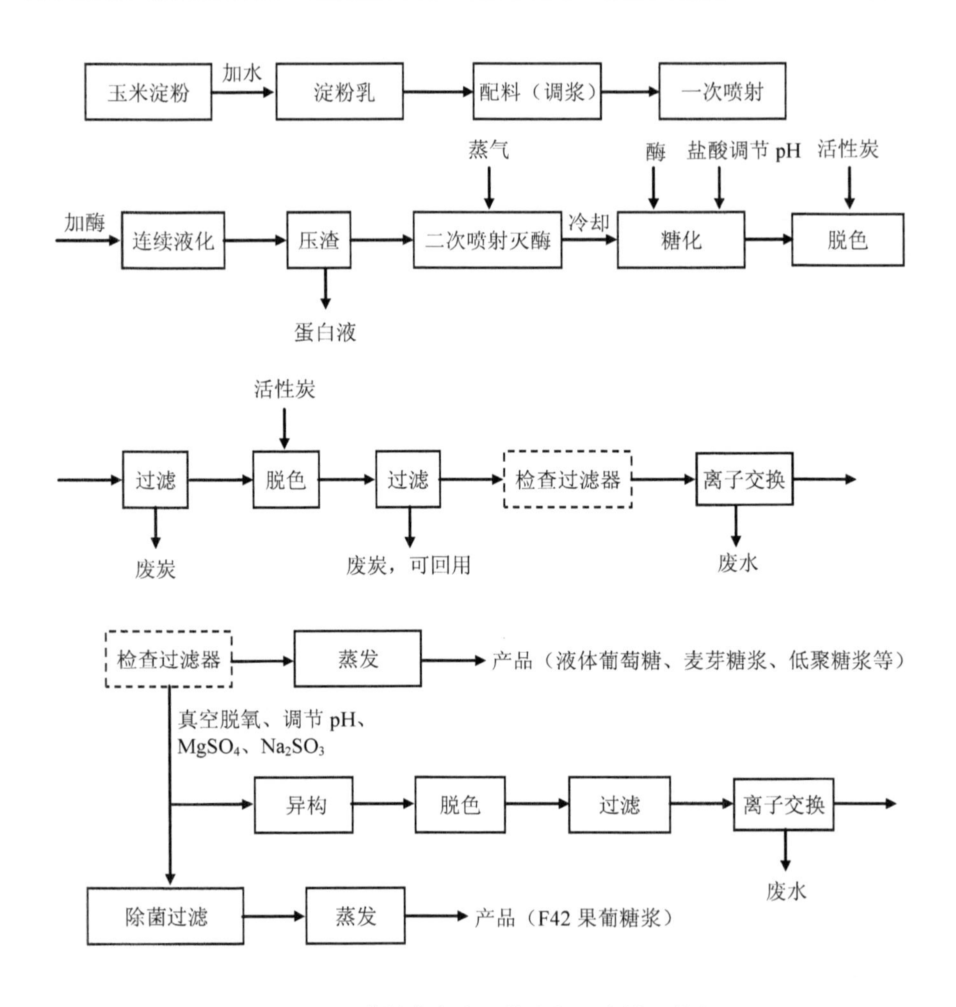

图 1-7 果葡糖浆生产工艺流程及产排污节点

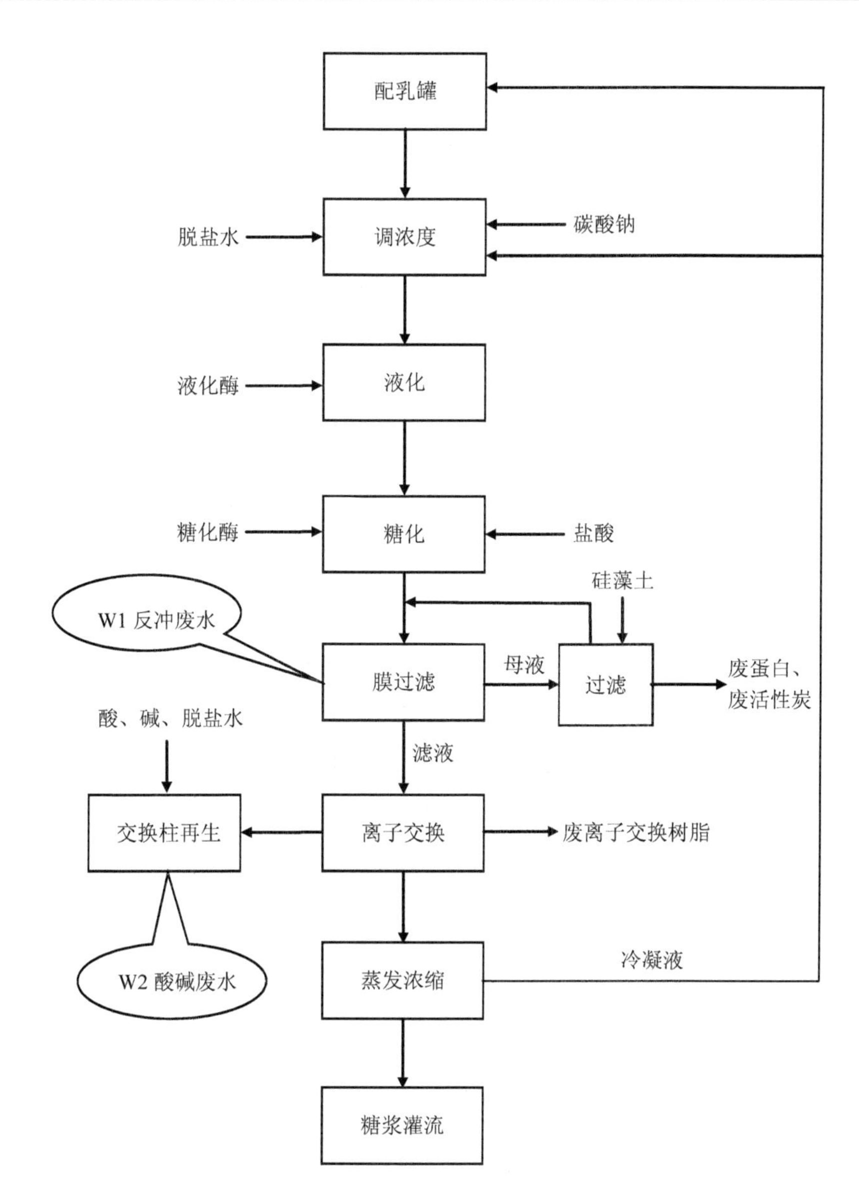

图 1-8　麦芽糖浆生产工艺流程及产排污节点

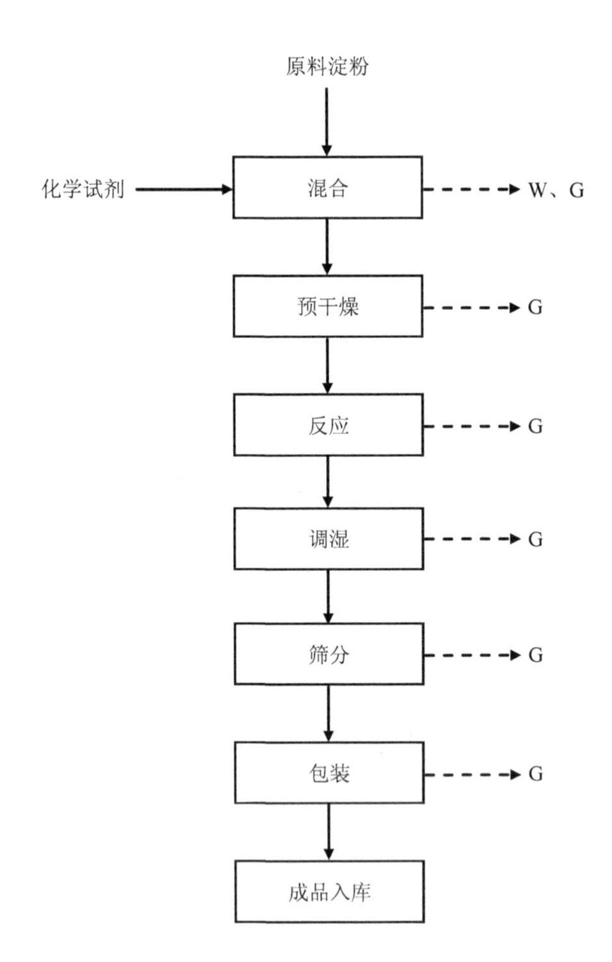

注：G-废气；W-废水。

图 1-9　干法变性淀粉生产工艺流程及产排污节点

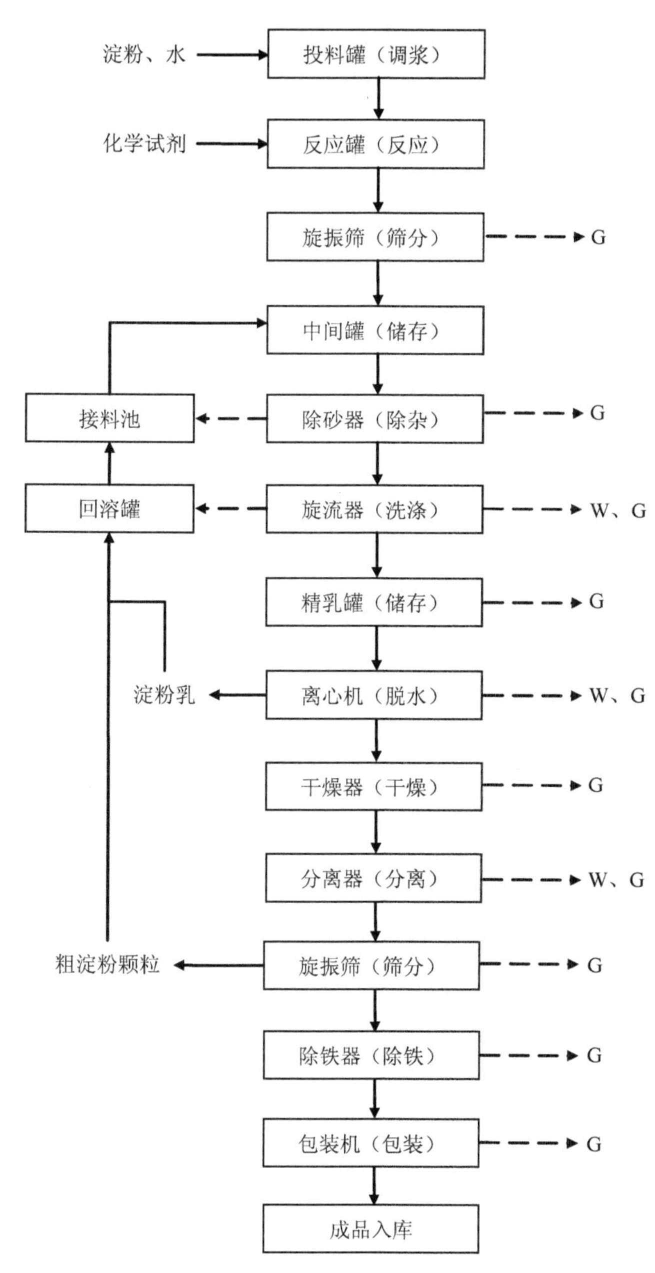

注：G-废气；W-废水。

图 1-10　湿法变性淀粉生产工艺流程及产排污节点

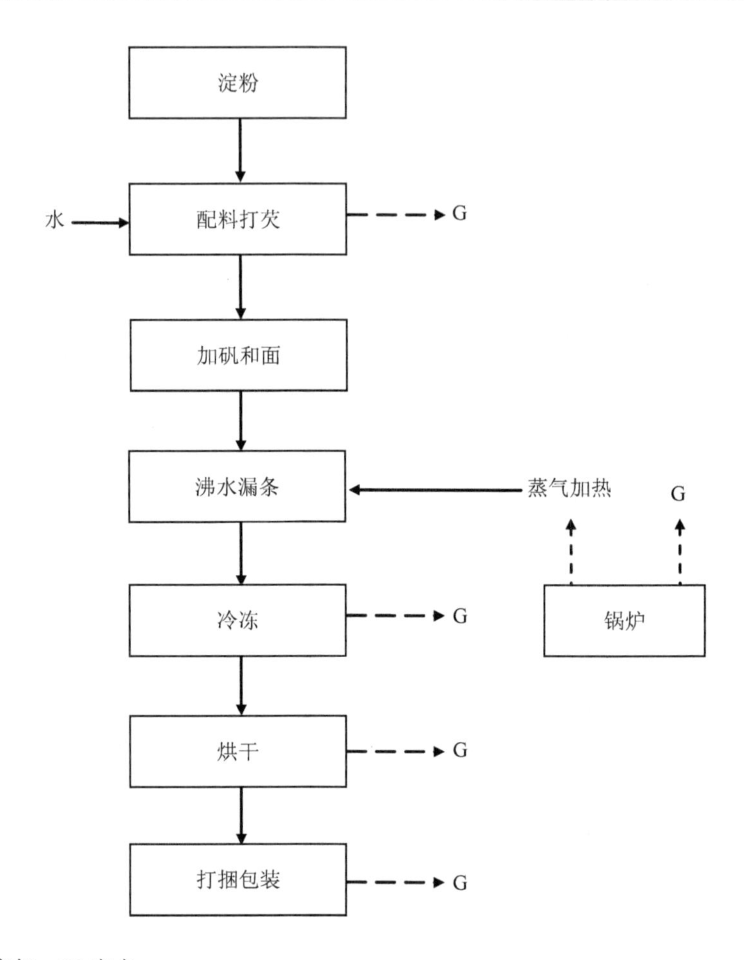

注：G-废气；W-废水。

图 1-11　粉条、粉丝等淀粉制品生产工艺流程及产排污节点

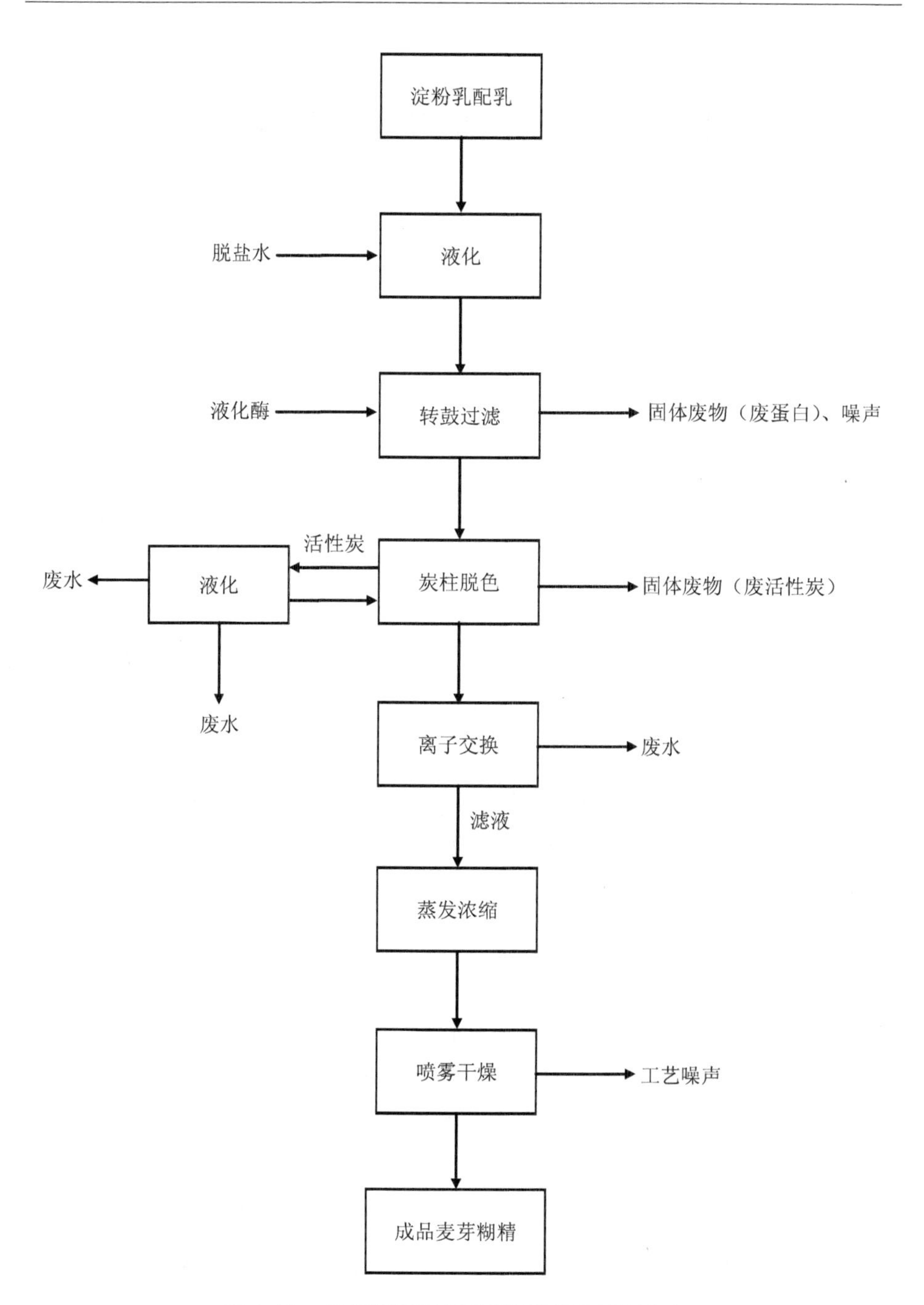

图 1-12　麦芽糊精生产工艺流程及产排污节点

第二节 淀粉工业污染物排放特点

一、废水排放

（一）玉米淀粉生产

中小型玉米淀粉生产企业排水的主要工序集中在玉米清洗、输送、浸泡环节和纤维榨水、麸质浓缩、蛋白压滤等工序。其中，麸质浓缩工序的排水量最大，占总排水量的60%～70%，化学需氧量（COD_{Cr}）为12 000～15 000 mg/L（含浸泡水）。大型玉米淀粉生产企业的排水主要集中在麸质浓缩工序及冷凝水，其他工序用水基本可实现闭路循环，淀粉生产车间使用清水的工序也只在淀粉洗涤环节中，其他工序都用工艺水。亚硫酸浸泡液一般浓缩做玉米浆或做菲汀，其COD_{Cr}质量浓度为15 000～18 000 mg/L，有时甚至高达20 000 mg/L。随着淀粉工业生产技术的发展，玉米淀粉生产工艺在节水方面也有了长足进步。20世纪90年代末，每吨淀粉用水量为6～15 t，而近年来由于水环境保护政策的实施，淀粉工业在清洁生产方面加大了力度，每吨淀粉的用水量可降至3 t以下。由于玉米淀粉中含有大量蛋白类物质，而蛋白质只是淀粉企业生产过程中的一种副产品，部分企业对蛋白质的回收不够重视或回收率不高，造成废水中有机氮和有机磷的含量非常高，蛋白质在水处理过程中很快转化成为氨氮（NH_3-N）。由此可知，淀粉废水中大量的氨氮是在水处理过程中产生的，因此治理难度较大。

（二）薯类淀粉生产

生产1 t薯类淀粉需要耗水15～40 m^3，单位产品的耗水量是生产玉米淀粉的6～8倍。薯类表面含有大量的泥沙，需要用大量的清水进行冲洗。因此，清洗环节产生的废水中悬浮物（SS）的含量高，COD_{Cr}和五日生化需氧量（BOD_5）的含量并不高。分离工序产生的废水中含有大量的水溶性物质，如糖、蛋白质、树脂等，以及少量的微细纤维和淀粉，此工序用水量较大，COD_{Cr}、BOD_5含量很高，COD_{Cr}可高达30 000 mg/L。因此，分离工序废水是马铃薯淀粉生产企业主要的污水源。由于鲜木薯的薯皮中含有氢氰酸，在薯类淀粉生产过程中会产生大量的蛋白类物质，俗称薯黄，其比重较小，因此不易沉淀回收。在薯类淀粉生产过程中，作为副产品的大量渣滓如果处理不当将形成悬浮物进入废水中，会严重影响废水处理设施的运行。薯类淀粉的生产周期短，一般为3个月左右，当采用干薯片为原料时，其生产周期可延长，水质及用水量也会有一定变化。

（三）小麦淀粉生产

小麦淀粉生产中产生的废水由沉降池里的上清液和离心后产生的黄浆水两部分组成。前者的有机物含量较低，后者的有机物含量较高，在生产中通常将两部分废水的混合水统称为淀粉废水，经集中处理后排放。根据对某企业的调查，小麦粉制成淀粉的得率约为70%，制成面筋的得率约为40%（含水量50%～60%），因此约有10%的有机物会经废水排出。一般情况下，每生产1 t淀粉将产生5～6 t废水，其中上清液4～5 t、黄浆水1～2 t。淀粉废水中的COD_{Cr}含量为10 000 mg/L左右。

（四）淀粉糖生产

在麦芽糖浆、果葡糖浆、结晶葡萄糖、麦芽糊精的生产中均采用过滤除渣工艺，过滤时使用滤布，过滤结束后滤布在用水洗涤的过程中会产生滤布洗涤废水。其中，主要污染物质量浓度为COD_{Cr}约8 000 mg/L、BOD_5约5 000 mg/L、悬浮物约600 mg/L、氨氮约150 mg/L、总氮（TN）约240 mg/L、总磷（TP）约25 mg/L、pH为4～6。

（五）变性淀粉生产

变性淀粉在生产中主要在脱水工序产生废水，其中的主要污染物为COD_{Cr}、悬浮物、氨氮。同时，由于变性淀粉通过添加酸或碱使淀粉变性，因此废水中含盐量较大。不同的变性淀粉产生的废水中含盐量不同，一般为 2 000～20 000 mg/L。

（六）小结

利用不同原料生产淀粉，其产生的废水中污染物质量浓度也有所不同（表 1-4）。

表 1-4 不同原料生产淀粉时产生废水中的污染物质量浓度 单位：mg/L

原料	COD_{Cr}	BOD_5	总悬浮物（TSS）	NH_3-N	TP
玉米	6 000～15 000	2 400～6 000	1 000～5 000	300～400	10～80
马铃薯	5 000～17 000	1 500～6 000	1 000～5 500	100～300	10
木薯	10 000	5 000～6 000	3 000～5 000	100～300	10
小麦	7 000～11 000	2 500～6 000	2 000	150～300	30～100

根据淀粉工业排污的实际情况，其废水主要分为 4 类，即低污染生产废水（包括冷凝水或汽凝水、锅炉循环冷却水等）、生活污水、雨水（不含初期雨水）和厂内综合污水处理站排出的综合污水（包括生产废水、生活污水、初期雨水等）。从排放口类型来看，若不外排，则不必填写排污许可证申请表；雨水、单独进入城镇污水集中处理设施的生活污水排放口属于一般排放口，没有对应的需执行的排放标准；综合污水处理站的排放口为主要排放口，其排放方式包括直接排放、间接排放，应执行《淀粉工业水污染物排放标准》（GB 25461—2010）。

淀粉工业的废水排放可能会出现如下情况：

① 连续排放，流量稳定；

② 连续排放，流量不稳定，但有周期性规律；

③ 连续排放，流量不稳定，但有规律，且不属于周期性规律；

④ 连续排放，流量不稳定，属于冲击型排放；

⑤ 连续排放，流量不稳定且无规律，但不属于冲击型排放；

⑥ 间断排放，排放期间流量稳定；

⑦ 间断排放，排放期间流量不稳定，但有周期性规律；

⑧ 间断排放，排放期间流量不稳定，但有规律，且不属于周期性规律；

⑨ 间断排放，排放期间流量不稳定，属于冲击型排放；

⑩ 间断排放，排放期间流量不稳定且无规律，但不属于冲击型排放。

二、废气排放

淀粉工业的废气排放形式分为有组织排放和无组织排放两种。

有组织排放主要包括原料净化废气、燃硫设备废气、原料破碎废气、洗涤废气、干燥废气、冷却废气、筛分废气、净化过滤废气、葡萄酸盐生产的反应废气、变性淀粉预处理和反应的加药废气、废热利用废气以及锅炉废气等。

无组织排放主要包括原料系统的装卸料废气、转运废气，小麦淀粉生产中的投面废气、和面废气、分离废气、包装废气，公用单元中的原料及产品仓库废气、煤场煤尘、液氨储罐废气、盐酸储罐废气、硫酸储罐废气、厂内综合污水处理站污水处理产生的废气、污泥堆放和处理废气等。

从排放量来看，锅炉废气排放量最大，其他废气排放量均较少。以硫黄燃烧制二氧化硫为例，一般分为纯氧燃烧和空气燃烧两种。玉米淀粉排放单位需要的亚硫酸含量较低（0.2%～0.3%），不需要纯氧燃烧，采用空气燃烧即可，而空气燃烧产生的烟气通过水力喷射吸收、二级洗涤塔吸收、尾气碱液喷淋塔吸收后排放，排放的废气量及废气中的污染物含量均很少。因此，可以确定淀粉工业大气污染物的主要排放口为锅炉烟囱，其他有组织排放均为一般排放口。

淀粉工业的污染物排放种类依据《工业炉窑大气污染物排放标准》（GB 9078—1996）、《锅炉大气污染物排放标准》（GB 13271—2014）、《恶臭污染物排放标准》（GB 14554—93）、《大气污染物综合排放标准》（GB 16297—1996）确定，有地方排放标准要求的按照地方排放标准确定。

三、固体废物

淀粉工业固体废物的主要来源是原料在提取淀粉、蛋白及纤维等物质后剩余的物质，一般用作饲料；其他来自清洗环节产生的泥土及污水处理中产生的污泥，可作为制作有机肥的原料。以上均属于一般工业固体废物。

第三节　淀粉工业污染物处理方式及工艺

一、废水处理

淀粉工业废水中的COD_{Cr}、BOD_5、悬浮物、氨氮、总氮和总磷等各项污染物指标的含量均较高，在进行工艺设计时必须同时考虑对有机污染物和对氨氮、总氮、总磷的去除。目前，对废水中总氮和氨氮的去除技术主要为生物脱氮，而对总磷的去除技术既有化学除磷工艺，也有生物除磷工艺。

（一）厌氧（UASB）-缺氧-A2/O 工艺[①]

厌氧（UASB）-缺氧-A2/O 工艺的处理流程如图 1-13 所示，对淀粉工业废水的处理效率如表 1-5 所示。

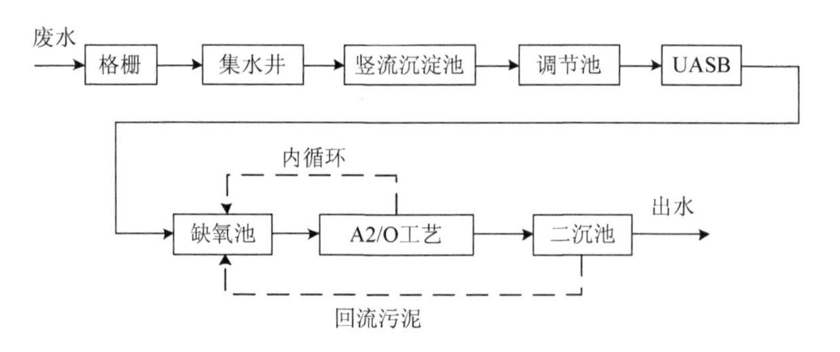

图 1-13　厌氧（UASB）-缺氧-A2/O 工艺

表 1-5　厌氧（UASB）-缺氧-A2/O 工艺对淀粉工业废水的处理效率

指标	COD_{Cr}	BOD_5	SS	NH_3-N	TN	TP
去除率/%	≥99	＞98	≥85	＞80	＞80	80

[①] UASB 指上流式厌氧污泥床（Up-flow Anaerobic Sludge Bed/Blanket）；A2/O 工艺，又称 AAO 工艺，即厌氧-缺氧-好氧（Anaerobic-Anoxic-Oxic）工艺。

利用厌氧（UASB）-缺氧-A2/O 工艺处理普通淀粉废水，当日处理量为 1 000 t 时，总投资为 400 万元，直接运行费用为 1.0 元/t 废水；若将废水处理过程中产生的沼气用于发电，其效益可大于或等于污水处理费用。

该工艺除对有机物有良好的处理效果外，还具有同步脱氮除磷的作用。其中，厌氧阶段的主要作用是去除有机污染物并释放磷，缺氧阶段的主要作用是反硝化脱氮。由于具有同步去除有机污染物、脱氮和除磷的作用，目前该工艺被广泛应用于需要脱氮除磷的污水处理方案中。但由于该工艺内部存在较大的回流量，相对而言污水处理的运行成本要略高。

（二）厌氧（EGSB）-SBR 工艺[①]

厌氧（EGSB）-SBR 工艺的处理流程如图 1-14 所示，其对淀粉废水的处理效率如表 1-6 所示。

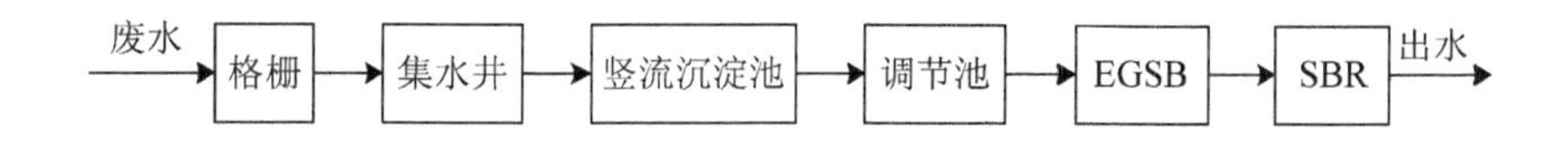

图 1-14　厌氧（EGSB）-SBR 工艺

表 1-6　厌氧（EGSB）-SBR 工艺对淀粉废水的处理效率

指标	COD_{Cr}	BOD_5	SS	NH_3-N	TN	TP
去除率/%	＞98	＞98	≥91	＞80	＞80	80

利用厌氧（EGSB）-SBR 工艺处理淀粉废水，日处理量为 1 000 t，总投资为 350 万元，直接运行费用为 0.75 元/t 废水。与厌氧（UASB）-缺氧-A2/O 处理工艺相似，若考虑将厌氧发酵产生的沼气用于发电的效益，则可大大节省污水处理的费用。

此工艺的厌氧处理工序 EGSB 具有较好的去除有机物的效果，而 SBR 可通过调节其运行程序达到脱氮除磷的目的。目前 SBR 具有多种变异工艺，脱

---

① EGSB 即膨胀颗粒污泥床（Expanded Granular Sludge Bed）；SBR 是序批式活性污泥法（Sequencing Batch Reactor Activated Sludge Process）的简称。

氮除磷率可超过 80%。若磷指标仍不能达到标准要求，则需增加化学除磷工艺。

（三）厌氧（EGSB 或 UASB）-A2/O 工艺

厌氧（EGSB 或 UASB）-A2/O 工艺的处理流程如图 1-15 所示，其对淀粉废水的处理效率如表 1-7 所示。

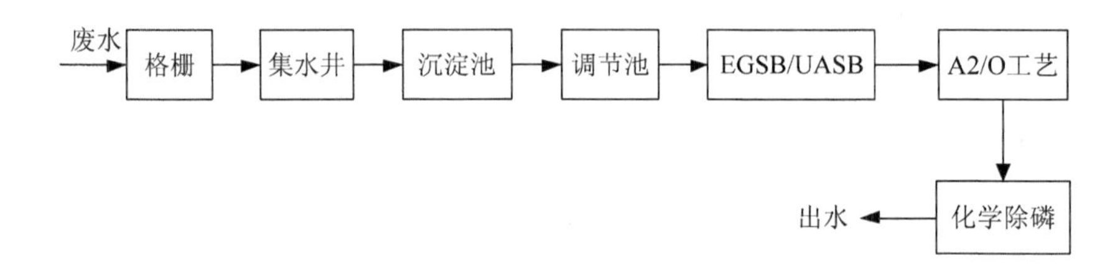

图 1-15 厌氧（EGSB 或 UASB）-A2/O 工艺

表 1-7 厌氧（EGSB 或 UASB）-A2/O 工艺对淀粉废水的处理效率

指标	COD_{Cr}	BOD_5	SS	NH_3-N	TN	TP
去除率/%	≥98	>98	≥91	>80	>80	90

利用厌氧（EGSB 或 UASB）-A2/O 工艺处理淀粉废水，日处理量为 1 000 t，总投资为 370 万元，直接运行费用为 1.4 元/t 废水。该工艺对淀粉废水中的有机物、氮、磷均有较好的处理效果；厌氧阶段既可以采用 EGSB，也可采用 UASB，主要用于去除有机污染物；氧化沟在去除有机污染物的同时，还具有较好的脱氮功能。该工艺的特点是采用较为彻底的化学除磷的方法，但由于需要投加絮凝剂（铝盐、铁盐和石灰等），因而也提高了污水处理的成本。

针对特别排放限值，一方面，可通过提高清洁生产水平，减少废水和污染物的排放量；另一方面，可在上述所有的处理工艺中，通过在二沉淀池后增加混凝气浮或过滤等物理化学工艺达到提高出水水质的效果。

二、废气处理

淀粉生产过程中产生的废气，其主要污染物为颗粒物、二氧化硫和氮氧化物。

对于有组织排放，可利用除尘系统、脱硫系统、脱硝系统等对废气进行处理。

①除尘工艺设施：用于处理原料净化废气、干燥废气、冷却废气、筛分废气、净化过滤废气、葡萄糖酸盐生产的反应废气、废热利用废气和锅炉废气，以减少颗粒物的排放。淀粉工业除尘工艺主要是旋风除尘、布袋除尘、静电除尘、水幕除尘以及多种组合工艺。原料破碎废气一般要进入回收利用系统。

②脱硫工艺设施：用于处理燃硫设备废气、洗涤废气、废热利用废气和锅炉废气中的二氧化硫排放，脱硫工艺主要有全自动燃硫设备、碱液喷淋吸收、过氧化氢喷淋、石灰石/石灰-石膏等湿法脱硫技术，喷雾干燥法脱硫技术，循环流化床法脱硫技术等。

③脱硝工艺设施：用于处理锅炉废气中含有的氮氧化物，一般采用低氮燃烧、选择性非催化还原脱硝（SNCR）或选择性催化还原脱硝（SCR）技术。

其他污染物包括锅炉废气中的汞及其化合物、变性淀粉生产中预处理和反应过程加药废气中的氯化氢与非甲烷总烃、废热利用中的硫酸雾和非甲烷总烃等，可采用高效除尘脱硫、脱氮、脱汞一体化技术，碱液吸收处理，过氧化氢喷淋处理技术等进行处理。

表 1-8、表 1-9 分别给出了淀粉和淀粉糖生产废气治理的工艺设施及治理效果。

对于无组织排放，主要通过覆盖防风抑尘网或洒水抑尘、加强密封密闭、配备车轮清洗（扫）装置，以及收集后送除尘装置进行处理的方式除尘；通过加强阀门和管道防泄漏管控、定期检测来减少储罐废气排放；通过投放除臭剂、加罩或加盖、收集处理等方式除臭。

表 1-8 某淀粉生产企业废气治理设施及治理效果

废气产生位置		废气量/（m^3/h）	污染物名称	处理措施	治理设备/台（套）	去除率/%	排放情况			执行标准		达标分析	排气筒参数		
							质量浓度/（mg/m^3）	速率/（kg/h）	排放量/（t/a）	质量浓度/（mg/m^3）	速率/（kg/h）		数量/个	高度/m	内径/m
淀粉	淀粉一期亚硫酸制备	3 000	SO_2	二级碱液喷淋吸收处理	1	80	176.77	0.530	4.20	550	9.65	达标	1	25	0.15
	淀粉二期亚硫酸制备	3 000	SO_2	二级碱液喷淋吸收处理	1	80	176.77	0.530	4.20	550	9.65	达标	1	25	0.15
	淀粉一期玉米净化	8 000	粉尘	旋风除尘+布袋除尘	11	99	5.38	0.043	0.34	30	3.98	达标	1	16	0.4
	淀粉二期玉米净化	10 000	粉尘	旋风除尘+布袋除尘	11	99	5.38	0.054	0.43	30	5.9	达标	1	20	0.5
	废热利用系统	25 000	H_2SO_4	碱液洗涤处理	1	80	9.32	0.233	1.85	45	2.6	达标	1	20	0.8
			SO_2			80	2.5	0.062 5	0.50	550	4.3	达标			
			粉尘			90	48.6	1.215	9.62	30	5.9	达标			
			非甲烷总烃			0	5.65	0.141 25	1.12	120	17	达标			
	一期气力输送至包装车间	5 500	粉尘	旋风除尘+布袋除尘	1	99	1.68	0.009	0.07	30	14.45	达标	1	25	0.3
	二期气力输送至包装车间	5 500	粉尘	旋风除尘+布袋除尘	1	99	1.68	0.009	0.07	30	14.45	达标	1	25	0.3
	一期包装烘干	62 000×4	粉尘	—	—	0	0.05	0.012	0.10	30	9.32	达标	4	22	0.6
	二期包装烘干	65 000×4	粉尘	—	—	0	0.05	0.013	0.10	30	9.32	达标	4	22	0.6

表 1-9 某淀粉糖生产企业废气污染物产生、治理及排放情况

废气种类	排放方式	污染物	废气/（万 m^3/a）	产生情况		治理情况		排放情况			排放标准		排气筒参数			达标分析
				质量浓度/（mg/m^3）	产生量/（t/a）	治理措施	去除率/%	质量浓度/（mg/m^3）	速率/（kg/h）	排放量/（t/a）	质量浓度/（mg/m^3）	速率/（kg/h）	数量/个	高度/m	内径/m	
锅炉G1	有组织	粉尘	3 600	2 389	86	三级旋风除尘	97.3	64	0.32	2.32	120	3.5	1	15	0.4	达标
锅炉G2	有组织	粉尘	3 600	1 861	67	三级旋风除尘	97.3	50	0.25	1.81	120	3.5	1	15	0.4	
合计			7 200	—	—	—	—	—	—	—	—	—	—			
无组织废气 G3		HCl	—	—	0.065 3	加强管理	0	—	0.009	0.065 3	0.20（厂界）		车间（50 m×30 m，高度 6 m）			达标
无组织粉尘 G4		粉尘	—	—	0.3		0	—	0.042	0.3	1.0（厂界）		车间（50 m×30 m，高度 6 m）			达标

注：废气 G1、G2 执行《大气污染物综合排放标准》二级标准；无组织废气 G3、G4 执行《大气污染物综合排放标准》无组织排放监控周界外浓度限值标准。年工作 7 200 小时。

第二章　淀粉工业国内外环境管理

第一节　国内环境管理要求

一、实施排污许可制的要求

2016 年 11 月，国务院办公厅印发《控制污染物排放许可制实施方案》（国办发〔2016〕81 号）（以下简称《方案》），明确要将排污许可制建成固定污染源环境管理的核心制度，并作为企业守法、部门执法、社会监督的依据，为提高环境管理效能和改善环境质量奠定坚实基础。《方案》提出，到 2020 年，完成覆盖所有固定污染源的排污许可证核发工作，基本建立法规体系完备、技术体系科学、管理体系高效的排污许可制，实现系统化、科学化、法治化、精细化、信息化的“一证式”管理。通过制定排污许可技术规范，使排污许可制度与总量控制制度、环境影响评价制度等相融合，以简化对企业的环境管理。同时，要使排污许可制度与环保企业自行监测、企业环境管理台账记录、信息公开和强化监管等环保管理制度相衔接。《排污许可证申请与核发技术规范 农副食品加工工业——淀粉工业》（HJ 860.2—2018）已于 2018 年 6 月 30 日开始实施。

二、加强淀粉工业污染防治的要求

2015 年发布的《水污染防治行动计划》（国发〔2015〕17 号）将农副食品加工工业列为十大重点行业之一，而淀粉工业属于农副食品加工工业中污染物排放量较高的行业。根据 2015 年的环境统计数据，全国淀粉工业废水的排放量为 2.4 亿 t，其中，COD_{Cr} 排放量达 10.14 万 t、氨氮排放量达 0.49 万 t、总氮排放量达 0.60 万 t、总磷排放量达 0.033 万 t，分别占农副食品加工工业总排放量的 19.7%、20.7%、9.3%、6.8%和 8.9%。同时，全国淀粉工业废气排放量为 1 030 亿 m^3，占农副食品加工工业总排放量的 24.3%。全国淀粉工业一般固体废物的产生量为 286 万 t，占农副食品加工工业总产生量的 55.4%。其综合利用量为 267 万 t，占农副食品加工工业综合利用总量的 56.0%。因此，有必要针对农副食品加工工业中的淀粉工业优先开展排污许可管理工作。同时，淀粉工业还存在部分企业规模小、污染防治难度大、副产品需提高加工利用率等问题，需要通过排污许可的实施来提高行业的污染防治水平。此外，薯类淀粉生产过程产生的废水处理难度大以及后续的农业灌溉应用等问题也需要予以规范。

第二节 国外环境管理要求

一、排污许可制度

排污许可制度于 20 世纪 70 年代最早在瑞典得以应用。基于良好的实施效果，瑞典的排污许可制度得到了很多国家的认可。美国、欧盟等发达国家和地区拥有完善的排污许可体系，有效地支撑了各种环境管理制度作用的发挥。

美国以《清洁水法》《清洁空气法》为法律载体具体实施废水和废气的排污许可，并取得了良好的环境效益。美国的排污许可制度最早在水污染防治领域应用。1972 年 11 月，美国国会正式通过《联邦水污染控制法修正案》，美国排污许可制度正式确立，并从此开始在全国范围内实施，在技术路线和方法上不断得到改进与发展。1972—1976 年，美国实施了第一轮排污许可制度，并制定了实施污染物总量分配的技术指南。美国国会于 1977 年对《联邦水污染控制法修正案》进行了修订，最终形成了美国防治水污染和实施水污染排污许可制度的法律基础，即《清洁水法》。排污许可制度在美国水、大气等多个领域得到广泛应用，并取得了显著成果，被认为是美国环境管理最为有效的措施之一。1990 年，借鉴《清洁水法》，美国国会又修订了《清洁空气法》，确立了针对大气污染物排放的许可证制度。

美国国家环保局在相关法律授权下按照一定条件和要求对排污设施签发联邦许可证。需要指出的是，美国国家环保局可将全部或部分签发许可证的权力授权给州政府或地方政府，但前提是州政府或地方政府应有相应的或更为严格的污染物排放标准，并且执行机构有权力且有能力执行这些标准。各州政府及地方政府可就权限下放提出申请，美国国家环保局将于接到申请之日起 90 日内决定是否授权州政府或地方政府签发许可证。若申请予以准许，则将由州政府或地方政府在管辖范围内自行签发许可证；若申请予以驳回，则仍由美国国家环保局负责签发在该范围内的许可证。

在很多领域，美国国家环保局都会将签发许可证的权力下放到州政府或地方政府。在水污染排放管控领域，尽管各州所获授权的情况略有不同，但绝大部分州（46 个州）已获得全部或部分授权，可自行签发水污染排放许可证。

除联邦许可证外，一些州政府或地方政府还自行发放地方排污许可证。根据规定，美国国家环保局须确立适用于所有州或地方许可证的最基本要求，并为州政府或地方政府确立地方排污许可制度提供指导；州政府或地方政府可在确保达到联邦最低要求的同时，根据自身的情况和需求建立地方排污许可制度。例如，纽约州在《美国环境法》第 17 条的规定下建立了纽约针对水污染排放的许可制度。

美国国家环保局对于排污许可审核人与签发人的能力建设给予高度重视。美国国家环保局发布了一份详尽的工作手册，为许可证签发人提供了关于联邦许可制度的整体框架和脉络的概括性说明，也为许可证签发人的培训提供了基本依据。同时，美国国家环保局还为许可证签发人提供了各种线下及线上的培训课程和研讨会，以确保排污许可制度的有效实施。

二、排放标准

《美国联邦法规》（Code of Federal Regulations，CFR）40 第 406 部分——谷物加工污染源类（Grain Mills Point Source Category）中有谷物磨制的预处理标准和基于最佳实用技术制定的排放标准，设计了 pH、BOD_5 和总悬浮物的日最大值和日均值（30 天连续生产）。

欧盟在《综合污染预防与控制　食品、饮料和牛奶业最佳可行技术参考文件》（*Integrated Pollution Prevention and Control Reference Document on Best Available Techniques in the Food，Drink and Milk Industries*）中针对淀粉生产所规定的指标是主要产品中的原料占比，主要规定了玉米、薯类和小麦淀粉生产中的相关限值，同时还规定了每种原料在生产淀粉时的用水量和废水产生量。

第三章　淀粉工业固定源排污许可限值确定技术研究

第一节　淀粉工业污染因子识别方法

一、淀粉工业固定源排污许可产排污环节与污染因子识别方法

固定源排污许可产排污环节与污染因子识别方法及污染物指标确定技术都必须遵循以下基本原则：以分析固定源产排污环节为基础，以筛选行业特征污染物为主线，满足地方水环境质量要求，达到国家对特定污染物的管控目标。

以 2016 年占淀粉产量近 97%的玉米淀粉为例，首先，应从原料到产品来分析淀粉工业可能产生的污染因子，详见本书第一章第二节，即通过生产原辅料、生产工艺及产品分析淀粉工业生产废水中污染物的种类；其次，应从淀粉生产需要添加的辅料和生产环节考虑可能产生污染的因子，如变性淀粉需要添加亚硫酸或各种盐类物质使淀粉变性，以满足不同的生产需要，因此生产废水中含有大量盐类物质，呈酸性。有时为保障产品美观或符合相应用途的产品标准，淀粉类产品大多需要脱色或漂白，因此生产废水中的色度指标不可缺少。

二、污染物指标的确定

污染物排放指标可根据行业标准来确定。《淀粉工业水污染物排放标

准》基本包含了淀粉工业生产过程中产生的水污染物种类：pH、悬浮物、BOD_5、COD_{Cr}、氨氮、总氮、总磷、总氰化物（以木薯为原料）及单位产品基准排水量。当有些行业不能通过生产工艺流程分析出水污染物种类时，应当对该行业生产废水进行必要的分析测试，以判定该行业水污染物的种类，至于是否作为该行业的污染物指标，还要进一步进行综合判断。

色度指标其实在淀粉工业生产过程中是一个很重要的指标，但考虑到在对淀粉生产废水进行生化处理时，其色度指标也随之降低，当其他指标达标时色度指标也基本达标，因此在制定《淀粉工业水污染物排放标准》时并没有列入色度指标。至于含盐量这项指标，总体来说我国目前对该项指标还不够重视，许多涉盐行业的水污染物指标中都没有列入该项指标。因此，建议在修订《淀粉工业水污染物排放标准》时增加色度和含盐量这两项指标。

三、总量控制指标的确定

水污染物总量控制指标的确定依据主要是《“十三五”生态环境保护规划》（国发〔2016〕65 号）中规定的水污染物总量控制指标，具体分为以下几种情况：一是为实现全国范围主要污染物排放总量的减少，控制指标为 COD_{Cr} 和氨氮；二是为实现区域性污染物排放总量的减少，控制指标为总氮和总磷，其中对沿海 56 个城市及 29 个富营养化湖库实施总氮总量控制，对总磷指标超标的控制单元以及上游相关地区实施总磷总量控制；三是地方为满足水环境质量要求或更高的要求，需要控制的其他水污染物指标。

第二节　单位产品基准排水量在标准中的作用及核算方法

一、单位产品基准排水量在标准中的作用

对于企业允许排放总量的确定，技术层面的主要影响因素包括原料、

生产工艺、末端治理措施、企业规模、产品类型和产量等。对于同一时期的行业同类污染源，其工艺技术水平和可实现的污染控制程度应大致相同，这样在企业生产同种产品、创造相同的社会价值时，其承担的环境成本才是相同的，即产量越大，企业的允许排放总量也应越大。这就需要引入“单位产品基准排水量”指标，并以此为基础计算排污许可总量。单位产量的排水量称作基准排水量，即生产单位数量的产品所允许的排水量。基于排放标准对同行业的公平性要求，除了浓度指标，还要考虑单位产品基准排水量指标，以体现同行业企业对于环境责任的公平性。若单位产品实际排水量超过单位产品基准排水量，须将实测水污染物浓度换算为水污染物基准排水量浓度，并以水污染物基准排水量浓度作为确定排放浓度是否达标的依据。

单位产品排水量与企业采用的原料、生产工艺、产品类型等因素有关，与产品产量、生产规模等无关。不同企业采用的生产原料清洁程度不同和企业清洁生产水平不同都会导致排水量不同，因此需要将单位产品基准排水量作为企业单位产品排水量的“衡量尺”，而生产规模、产品产量、末端治理措施则决定了企业的最终排放总量。

二、单位产品基准排水量的核算方法

《淀粉工业水污染物排放标准》已给出每吨淀粉的基准排水量（表3-1），如以玉米为原料时，其基准排水量指用玉米生产 1 t 玉米淀粉排放的废水量，包括工艺用水和生活污水、清洗废水等；若产品是变性淀粉和淀粉糖，则可以通过将糖或变性淀粉转换成淀粉的量来推算出其基准排水量。考虑到行业发展及清洁生产，应推动企业延长生产链，鼓励清洁生产，综合利用原料中的其他物质成分，以减少废水中污染物的含量，降低处理成本。

表 3-1　淀粉生产常见原料的单位产品基准排水量　　单位：m^3/t 淀粉

序号	原料	产品	基准排水量[注]	特别排放限值基准排水量[注]
1	玉米、小麦	淀粉	3	1
2	玉米、小麦	淀粉糖	3	1
3	玉米、小麦	变性淀粉	3	1
4	淀粉	淀粉糖	3	1
5	淀粉	变性淀粉	3	1
6	薯类、其他	淀粉	8	4
7	薯类、其他	淀粉糖	8	4
8	薯类、其他	变性淀粉	8	4

注：根据企业污水排放口总出水量计算。

以玉米为原料生产淀粉及淀粉制品时，其基准排水量限值为 3 m^3/t，但部分产品——变性淀粉、食品级和医用级淀粉糖不能满足《淀粉工业水污染物排放标准》的要求，主要是这些产品对纯度的要求更高，需要反复清洗且清洗水基本上不能回用。据调查，生产这部分产品的企业绝大多数是《淀粉工业水污染物排放标准》颁布后新建的，其利润高、耗水量也高。这样的企业目前在国内有十几家。淀粉生产企业自《淀粉工业水污染物排放标准》发布后，其生产废水的处理水平得到很大提升，产业链发展也出现了横向扩展和纵向延长：横向扩展主要是增加了原料中其他有用成分，如蛋白质、纤维、植物油等的生产，减少了废水中有机物废物的产生，降低了处理前废水中有机物的浓度；纵向延长是指产业链延长，淀粉糖和变性淀粉的品种大大增加，除食品级和医用级产品外，其他产品在生产过程中产生的废水可回用程度越来越高，从而出现了生产链越长废水产生量越小的行业废水排放特点。

《淀粉工业水污染物排放标准》就是考虑到淀粉工业产品的多样化、产品之间用水量的不同，才把基准排水量定为每吨淀粉的废水排放量，因为后续产品（除副产品外）基本上是以淀粉为原料进行生产的。以淀粉转化为葡萄糖为例：

$$[(C_6H_{10}O_5)_n]+nH_2O=\text{酶分解}=nC_6H_{12}O_6$$

理论转化率是 1.11，即 1 t 淀粉（按照淀粉含量 84%计算），理论上可生产葡萄糖 1×0.84×1.11=0.932 4 t，实际上去掉损耗及未转化的部分应为 0.932 4× 0.97= 0.904 4 t（绝干）。而我们常见的是含有一个结晶水的葡萄糖，葡萄糖分子量为 180，再加上水的分子量 18，0.904 4×1.1=0.994 8 t，基本上 1 t 淀粉约可生产 1 t 葡萄糖。因此，1 t 绝干淀粉能生产 1.11 t 绝干葡萄糖，即其他产品的基准排水量计算公式为

产品基准排水量（m^3/t 产品）=玉米淀粉基准排水量（m^3/t 玉米）×每吨淀粉转化为产品的转化率（%） （3-1）

以玉米淀粉基准排水量为 3 m^3/t 淀粉计算，1 t 玉米可生产 0.72 t 淀粉、0.93 t 变性淀粉，其他淀粉制品的基准排水量计算结果见表 3-2。表 3-2 中的数据只是依据上述调研值得出的，且是绝干重。每个生产企业可以按照自己产品的种类及不同含水量来计算。

表 3-2 淀粉工业生产品种的单位产品基准排水量 单位：m^3/t 产品

序号	原料	产品	基准排水量
1	玉米	淀粉	3
2	玉米	无水糖	3
3	玉米	变性淀粉	3
4	淀粉	变性淀粉	2.32
5	淀粉	无水糖	2.52
6	淀粉	一水糖	2.80

三、企业排水量大于单位产品基准排水量时排放浓度值的确定

表 3-3 至表 3-5 是关于不同产品生产废水的调查结果。若企业单位基准排水量为企业实际排水量，可用《淀粉工业水污染物排放标准》中的公式计算企业的废水排放浓度。

$$\rho_{基} = \frac{Q_{总}}{\sum Y_i \cdot Q_{i基}} \cdot \rho_{实} \quad （3-2）$$

式中：$\rho_{基}$——水污染物基准水量排放质量浓度，mg/L；

$Q_{总}$——排水总量，m^3；

Y_i——第 i 种产品产量，t；

$Q_{i基}$——第 i 种产品的单位产品基准排水量，m^3/t；

$\rho_{实}$——实测水污染物排放质量浓度，mg/L。

若 $Q_{总}$ 与 $\sum Y_i \cdot Q_{i基}$ 的比值小于 1，则以水污染物实测浓度作为判定排放是否达标的依据。

表 3-3 淀粉生产废水产生量调查 单位：m^3/t 产品

指标＼年份	企业 1			企业 2			企业 3			企业 4		
	2014	2015	2016	2014	2015	2016	2014	2015	2016	2014	2015	2016
单位产品新鲜水耗	5.66	4.00	2.52	4.54	4.77	4.95	4.00	4.20	4.11	4.72	4.91	5.26
单位产品废水产生量	1.24	1.44	1.48	2.29	2.33	2.31	2.01	2.04	2.14	1.54	1.49	1.72
计算口径	单位产品新鲜水耗=（淀粉车间耗水量+分摊生产辅助和生产附属系统耗水量）/全口径淀粉产量 单位产品废水产生量=全厂废水产生量/全口径淀粉产量（只生产淀粉产品） 单位产品废水产生量=淀粉车间废水产生量/全口径淀粉产量(除淀粉产品外还生产其他淀粉衍生品）											

表 3-4 变性淀粉生产废水的单位水耗调查 单位：m^3/t 产品

变性方式	单位水耗
醋酸酯淀粉	4.7
磷酸酯双淀粉	4.9
羟丙基淀粉	4.8
羟丙基二淀粉磷酸酯	4.9
酸处理淀粉	4.7
氧化淀粉	4.6
氧化羟丙基淀粉	4.3
乙酰化二淀粉磷酸酯	4.7
乙酰化双淀粉己二酸酯	4.8
辛烯基琥珀酸淀粉钠	4.8

表 3-5 淀粉糖生产废水产生量调查 单位：m^3/t 产品

指标 \ 年份	企业 3			企业 5			企业 4		
	2014	2015	2016	2014	2015	2016	2014	2015	2016
单位产品新鲜水耗	2.43	2.42	2.78	4.76	5.35	3.55	5.32	5.81	6.32
单位产品废水产生量	2.77	2.59	2.95	4.16	4.17	4.82	13.37	12.34	12.19
计算口径	单位产品新鲜水耗=（麦芽糖车间耗水量+分摊生产辅助和生产附属系统耗水量）/绝干麦芽糖产量 单位产品废水产生量=全厂废水产生量/果糖产量（只生产果糖产品） 单位产品废水产生量=麦芽糖车间废水产生量/麦芽糖产量（除果糖产品外还生产其他产品）								

表 3-6 是对 45 家淀粉生产企业进行单位产品基准排水量调查的汇总结果。

表 3-6 淀粉生产企业单位产品基准排水量调查（45 家企业） 单位：m^3/t 产品

产品大类	产品小类	基准排水量调查
淀粉	玉米淀粉（乳）	0.95～0.96
	玉米淀粉	1.32～2.6
	红薯淀粉	15～23.7
	马铃薯、木薯淀粉	7～7.4
变性淀粉	变性淀粉	2.0～7.3
淀粉糖	一水糖	1.48～2.1
	无水糖	0.5～0.6
	果糖	4.7～5.7
淀粉制品	粉丝、粉条	1～1.2

第三节 淀粉工业水污染物排放浓度标准分析

一、标准分级

排放标准可以分为基于污染控制技术的排放标准和基于水体水质的排放

标准。美国的点源有管道、沟渠、集中式畜禽养殖活动三种形式，按照点源的性质可以分为市政源、工业源和集中式畜禽养殖源，根据污染物的排放去向可以分为直接排入天然水体的源和间接（通过污水处理厂）排入天然水体的源。

通过调研发现，淀粉工业水污染物排放标准仅针对直接排入天然水体和间接（通过污水处理厂）排入天然水体的情况。此外，淀粉生产废水还可以回用到农田（执行地方标准），即废水综合利用。

我国淀粉工业执行的排放标准汇总见表 3-7。

表 3-7　我国淀粉工业执行的排放标准

分级	执行标准
一级	执行地方标准（满足地表水质量的排放标准）
二级	GB 25461—2010 表 3 中的直接排放限值
三级	满足地方水污染物排放标准
四级	GB 25461—2010 表 2 中的直接排放限值
五级	GB 5084—2021 满足农田灌溉水质标准
六级	GB 25461—2010 表 3 中的间接排放限值
七级	GB 25461—2010 表 2 中的间接排放限值
八级	GB/T 31962—2015 表 1 中的 C 等级
九级	GB/T 31962—2015 表 1 中的 A 和 B 等级

注：GB 5084—2021 即《农田灌溉水质标准》；GB/T 31962—2015 即《污水排入城镇下水道水质标准》。

根据《地表水环境质量标准》（GB 3838—2002），我国地表水依据其功能可分为五类：Ⅰ类主要适用于源头水、国家自然保护区；Ⅱ类主要适用于集中式生活饮用水地表水源地一级保护区、珍稀水生生物栖息地、鱼虾类产卵场、仔稚幼鱼的索饵场等；Ⅲ类主要适用于集中式生活饮用水地表水源地二级保护区、鱼虾类越冬场、洄游通道、水产养殖区等渔业水域及游泳区；Ⅳ类主要适用于一般工业用水区及人体非直接接触的娱乐用水区；Ⅴ类主要适用于农业用水区及一般景观要求水域。《海水水质标准》（GB 3097—1997）将海水水质分为四类：第一类适用于海洋渔业水域、海上自然保护区和珍稀濒危海洋生物保护区；第二类适用于水产养殖区、海水浴场、人体直接接触海水的海上运动或娱乐区，以及与人类食用直接有关的工业用水区；第三类适用于一般工业用水区、滨海风景旅游区；第四类适用于海洋港口水域、海洋开发作业区。《污水综合排放标准》（GB 8978—1996）规定：排入《地表水环境质量标准》中Ⅲ类水域（划定的保护区和游泳区除外）和排入《海水水质标准》中第二类海域的污水，执行一级标准；排入《地表水环境质量标准》中Ⅳ类、Ⅴ类水域和排入《海水水质标准》中第三类海域的污水，执行二级标准；排入设置二级污水处理厂的城镇排水系统的污水，执行三级标准；排入未设置二级污水处理厂的城镇排水系统的污水，必须根据排水系统出水受纳水域的功能要求，分别执行一级或二级标准；《地表水环境质量标准》中Ⅰ类、Ⅱ类水域和Ⅲ类水域中划定的保护区，《海水水质标准》中第一类海域，禁止新建排污口，现有排污口应按水体功能要求实行污染物总量控制，以保证受纳水体水质符合规定用途的水质标准。

《淀粉工业水污染物排放标准》已发布 10 年，所有淀粉生产企业已都执行其表 2 中的标准限值，在需要采取特别保护措施的地区（由生态环境保护部或省级人民政府规定）执行其表 3 中的规定，即特别排放限值。

目前，我国水污染物排放控制指标和水污染物控制总量指标的设定依据主要来自《“十三五”生态环境保护规划》中规定的水污染物总量控制指标，同时也存在地方指标。这部分指标不但要达到总量控制指标，有可能还要达到比排放标准更严格的浓度指标，即地方排放标准、流域工业行业排放标准或行业标准中的特别排放限值。

以江苏太湖地区常州市为例，可以把该地区执行的淀粉工业水污染物排放标准分为 5 级，如表 3-8 所示。

表 3-8 常州市淀粉工业企业水污染物执行的排放标准 单位：mg/L

分级	执行标准	标准值						
		COD	BOD	SS	氨氮	总氮	总磷	基准排水量/（m^3/t 淀粉）
一级	地表水Ⅳ类	30	6	6	1.5	6	0.3	1
二级	GB 25461—2010 表 3 中的直接排放限值	50	10	10	5	10	0.5	1

分级	执行标准	标准值						
		COD	BOD	SS	氨氮	总氮	总磷	基准排水量/（m^3/t 淀粉）
三级	DB 32/1072—2018 表 3（新建企业）	60	10	10	5	15	0.5	3
四级	GB 25461—2010 表 2 中的直接排放限值	100	20	30	15	30	1	3
五级	GB 25461—2010 表 2 中的间接排放限值或 GB 21523—2008	300	70	70	35	55	5	5

注：DB 32/1072—2018 即《太湖地区城镇污水处理厂及重点工业行业主要水污染物排放限值》；GB 21523—2008 即《杂环类农药工业水污染物排放标准》。

二、标准分级对应的达标技术

淀粉生产过程中排放的废水要实现不同等级的达标排放，其主要的污水治理工艺和技术如表 3-9、表 3-10 所示。这些废水主要是高浓度有机废水，成分简单，处理难度相对较低，采用预处理+二级处理即可达到Ⅱ级标准。间接排放企业一般可采取预处理+一级或二级处理达到Ⅳ级标准。在执行特别排放限值区域，采取预处理+一级处理+二级处理+深度处理达到Ⅰ级标准。在处理废水过程中，二级、三级处理技术基本一致，二级增加除磷处理工艺。淀粉工业废水污染治理可行技术路线见表 3-11。

表 3-9 淀粉废水各级处理的主要技术

废水处理阶段	预处理	一级处理	二级处理	深度处理
主要废水处理技术	格栅、沉淀或板框压滤、调节及其他	单厌氧或好氧，其中厌氧工艺有 EGSB、UASB，好氧工艺有 SBR、A/O+二沉池、CASS、生物膜氧化；其他	厌氧+好氧，其中厌氧工艺有 EGSB、UASB，好氧工艺有 SBR、A/O+二沉池、CASS、生物膜氧化；其他	MBR、砂滤池、BAF、混凝沉淀、活性炭吸附

表 3-10 不同排放限值等级对应的处理技术汇总

排放限值等级	I	II	III	IV	V
淀粉工业	预处理级+一级+二级+深度	预处理级+一级+二级		预处理+一级+二级	

表 3-11 淀粉工业废水污染治理可行技术路线

淀粉	工艺过程污染预防技术	废水治理技术			
		技术组合	污染物排放情况		
			污染物指标	排放浓度/（mg/L）	说明
淀粉生产	蛋白、纤维、植物油提取等	①预处理+一级 ②预处理+二级 （具有脱氮功能）	COD_{Cr}	≤500	GB 25461—2010 表 2 中的间接排放限值或 GB 21523—2008 排入城镇/工业污水处理厂
			BOD_5	≤300	
			SS	—	
		预处理+一级+二级（具有脱氮功能）	COD_{Cr}	≤100	GB 25461—2010 表 2 中的新建企业水污染物排放限值要求
			BOD_5	≤20	
			SS	≤30	
		预处理+一级+二级（具有脱氮除磷功能）+深度处理	COD_{Cr}	≤60	GB 25461—2010 表 3 中的水污染物特别排放限值要求和地方标准
			BOD_5	10	
			SS	≤10	
		预处理+二级（具有脱氮除磷功能）+深度处理	COD_{Cr}	≤30	地表水Ⅳ类水质

第四节　淀粉工业水污染物许可排放总量的确定

根据目前已发布的行业排污许可证申请与核发技术规范，许可排放总量的确定可采用以下几种方法：

一、环评批复法

目前我国的排污许可针对的是在 2015 年 1 月 1 日（含）后取得环境影响评价批复的排污单位，总量指标可依据此文件批复内容确定，之前的环评批复内容不作为污染物排放总量控制的依据。

二、标准方法

依据水污染物许可排放浓度限值、最终产品的单位产品基准排水量和产品产能核定水污染物许可排放总量，计算公式如下：

$$D_j = \sum_{i=1}^{n}(S_i \times Q_i \times C_{ij}) \times 10^{-6} \quad (3\text{-}3)$$

式中：D_j ——排污单位的废水中第 j 项水污染物的年许可排放量，t；

S_i ——排污单位第 i 个生产线的产品产能，t 产品（以商品计）/a；

Q_i ——排污单位第 i 个生产线的单位产品基准排水量，m^3/t 产品（以商品计），按照《淀粉工业水污染物排放标准》规定的单位产品基准排水量核算，有更严格的地方排放标准要求的，按照地方排放标准从严确定；

C_{ij} ——排污单位第 i 个生产线废水中第 j 项水污染物许可排放质量浓度限值，mg/L，有更严格的地方排放标准要求的，按照地方排放标准确定；

n——排污单位生产线数量，量纲一。

三、单位产品基准排水量法

依据单位产品的水污染物排放量限值和产品产能核定水污染物许可排放总量，计算公式如下：

$$D_j = \sum_{i=1}^{n}(S_i \times P_{ij}) \times 10^{-3} \quad (3\text{-}4)$$

式中：D_j——排污单位的废水中第 j 项水污染物的年许可排放量，t；

S_i——排污单位第 i 个生产线的产品产能，t 产品（以商品计）/a；

P_{ij}——排污单位第 i 个生产线第 j 项水污染物的单位产品排放量限值，kg/t 产品（以商品计），按照 HJ 860.2—2018 中的表 4 核算；

n——排污单位生产线数量，量纲一。

四、单位产品基准排水量统计方法

对于废水排放标准中没有规定单位产品基准排水量的行业，目前一般采用将连续3年的排水量取平均值的方法来确定行业单位产品基准排水量。

五、地方根据水环境容量计算总量指标

地方为满足水环境质量目标，根据水环境容量或水环境承载力计算水环境可容纳的污染物量，以及合理分配至该流域每一企业的最大允许排放量。

六、其他方法

对于废水排放标准中没有规定单位产品基准排水量的行业，还可采用实际年用水量来确定行业单位产品基准排水量，计算方法同上述“单位产品基准排水量法”。

淀粉工业的排污许可证申请与核发技术规范采用的是上述“标准方法”和“单位产品基准排水量法”。

第四章　淀粉工业固定源排污许可达标判定技术研究

要判定排放限值是否合规，就要看排污单位污染物的实际排放浓度和排放量是否均满足许可的排放限值要求。

第一节　基于排放浓度的达标判定方法

一、有效判定浓度

淀粉生产企业的废水排放执行《淀粉工业水污染物排放标准》。该标准执行《环境监测管理办法》、《污染源自动监控管理办法》、《地表水和污水监测技术规范》（HJ/T 91—2002）、《水污染物排放总量监测技术规范》（HJ/T 92—2002）的相关规定，其中根据《地表水和污水监测技术规范》中“5.2.1.5　排污单位如有污水处理设施并能正常运转使污水能稳定排放，则污染物排放曲线比较平稳，监督监测可以采瞬时样；对于排放曲线有明显变化的不稳定排放污水，要根据曲线情况分时间单元采样，再组成混合样品”的规定，可以确定《淀粉工业水污染物排放标准》中的污染物排放限值为日均浓度。

二、自动监测

《地表水和污水监测技术规范》中将自动采样的方法分为时间比例采样和流量比例采样两种：当污水排放量较稳定时，可采用时间比例采样；否则，采用流量比例采样。污染物排放浓度是否合规可以依据企业自行监测数据或执法监测数据进行判定。其中，根据企业自行监测数据可以计算得出日均浓度值，再与排放浓度限值进行比较，以此判定是否合规。

三、手工监测

排污单位为了确认自行监测的采样频次，应在正常生产条件下的一个生产周期内进行加密监测：周期在 8 小时以内的，每 1 小时采 1 次样；周期超过 8 小时的，每 2 小时采 1 次样；每个生产周期采样次数不少于 3 次。采样的同时，还应进行流量测定。根据加密监测结果，可以绘制水污染物排放曲线（浓度-时间、流量-时间、总量-时间），并与所掌握的资料对照，如基本一致即可据此确定企业自行监测的采样频次。根据管理需要进行污染源调查性监测时，也应按此频次采样。

排污单位如有污水处理设施并能正常运转使污水稳定排放，则污染物排放曲线会比较平稳，监督监测可以采瞬时样；对于排放曲线有明显变化的不稳定排放污水，要根据曲线情况分时间单元采样，再组成混合样品。正常情况下，混合样品的单元采样不得少于两次。如排放污水的流量、浓度甚至组分都有明显变化，则在各单元采样时的采样量应与当时的污水流量成正比，以使混合样品更有代表性。

采样后对浓度值的判断方法有以下几种：当排污单位的污水排放渠道在已知其“浓度-时间”排放曲线波动较小、用瞬时浓度代表平均浓度所引起的误差可以容许时（小于 10%），某时间段内的任意时间采样所测得的浓度均可作为平均浓度；当“浓度-时间”排放曲线虽有波动但有规律、用等时间间隔的等体积混合样品的浓度代表平均浓度所引起的误差可以容许时，可通过等时间间隔采集等体积混合样品来测其平均浓度；当“浓度-时间”排放曲线既有波动又无规律时，则必须以“比例采样器”做连续采样，即确定某一比值，并在连续采样中使瞬时采样量与当时的流量之比均为此比值，以此种“比例采样器”在任一时段内采得的浓度即为该时段内的平均浓度。

将利用上述采样方法得到的混合样品测得的浓度值与标准中相同污染

物浓度限值进行对比，可确定企业水污染物排放是否达标。

四、执法监测数据

目前在监督执法过程中，生态环境执法人员往往很难在排放口按日采样监测。鉴于此，2007 年国家环保总局发布公告（2007 年第 16 号）明确了环保部门在对排污单位进行监督性检查时，可以现场即时采样或监测结果作为判定排污行为是否超标以及是否实施相关环境保护管理措施的依据。

第二节　基于排放量的达标判定方法

根据《水污染物排放总量监测技术规范》进行监测时，要判定污染物排放量是否合规，首先需要进行实际排放量的核算，再将核算结果与所给总量进行对比以判定企业是否达标。根据《污染源源强核算技术指南　农副食品加工工业——淀粉工业》（HJ 966.2—2018），目前主要有实测法、物料衡算法、产排污系数法和类比法 4 种核算方法。因此，需要针对淀粉工业开展实际排放量的核算方法研究，通过对实测法、物料衡算法、产排污系数法等不同方法的比较研究，确定淀粉工业废水排放量达标的判定技术。

一、实测法

实测法是通过实际废水排放量及其所对应的污染物排放浓度来核算污染物排放量的，适用于具有有效连续自动监测数据或有效手工监测数据的现有污染源。

1．手工监测实测法

手工监测实测法适用于执法监测、排污单位自行监测等手工监测。在对数据进行核算时，监测频次、监测期间生产工况、数据有效性等需符合《地表水和污水监测技术规范》、《水污染物排放总量监测技术规范》（HJ/T 92—2002）、《固定污染源监测质量保证与质量控制技术规范（试行）》（HJ/T 373—2007）、《环境监测质量管理技术导则》（HJ 630—2011）、《排污单位自行监测技术指南》（HJ 819—2017）、排污许可证等要求。除执法监测外，其他所有手工监测时段的生产负荷应不低于本次监测与上一次监测周期内的平均生产负荷（平均生产负荷=企业该时段内实际生产量/该时段内设计生产量），并给出生产负荷对比结果。

手工监测实测法是指根据每次手工监测时段内每日污染物的平均排放浓度、平均排水量、运行时间来核算污染物年排放量。手工监测数据包括核算时间内所有执法监测数据和排污单位自行或委托的有效手工监测数据。排污单位自行或委托的手工监测频次、监测期间生产工况、数据有效性等须符合相关规范文件的要求。排污单位应将手工监测时段内的生产负荷与核算时段内的平均生产负荷进行对比，并给出对比结果。

废水污染物源强的计算公式为

$$D=\frac{\sum_{i=1}^{n}(\rho_i \times q_i)}{n}\times t\times 10^{-6} \tag{4-1}$$

式中：D——核算时段内废水中某种污染物的排放量，t；

n——核算时段内有效日监测数据数量，量纲一；

ρ_i——第 i 次监测废水中某种污染物日均排放质量浓度，mg/L；

q_i——第 i 次监测废水量，m^3/d；

t——核算时段内污染物排放时间，d。

2．在线监测实测法

采用自动监测数据进行污染物排放量核算时，污染源自动监测系统及数据需符合《水污染源在线监测系统安装技术规范》（HJ 353—2019）、《水污染源在线监测系统验收技术规范》（HJ 354—2019）、《水污染源在线监测系统运行与考核技术规范（试行）》（HJ/T 355—2007）、《水污染源在线监测系统数据有效性判别技术规范（试行）》（HJ/T 356—2007）、《固定污染源监测质量保证与质量控制技术规范（试行）》、《环境监测质量管理技术导则》、《排污单位自行监测技术指南》、排污许可证等要求。

淀粉工业排污单位废水总排放口装有某种水污染物自动监测设备的，原则上应采取在线监测实测法核算该污染物的实际排放量。在线监测实测法是指根据符合监测规范的有效自动监测数据，利用污染物的日平均排放浓度、平均流量、运行时间来核算污染物的年排放量，其计算公式为

$$D=\sum_{i=1}^{n}(\rho_i \times q_i \times 10^{-6}) \tag{4-2}$$

式中：D——核算时段内主要排放口某水污染物的实际排放量，t；

ρ_i——核算时段内主要排放口某水污染物在第 i 日的在线实测日均排放浓度，mg/L；

q_i——核算时段内主要排放口第 i 日的流量，m^3/d；

n——核算时段内主要排放口的水污染物排放时间，d。

对要求采用自动监测的排放口或污染因子，在自动监测数据由于某种原因出现中断或其他情况下，应按照《水污染源在线监测系统数据有效性判别技术规范（试行）》补遗。无有效自动监测数据时，应采用手工监测数据进行核算。手工监测数据包括核算时段内的所有执法监测数据和排污单位自行或委托的有效手工监测数据。排污单位自行或委托的手工监测频次、监测期间生产工况、数据有效性等须符合相关规范文件的要求。

废水处理设施在非正常情况下的排水，如无法满足排放标准要求，则不应直接排入外环境，待废水处理设施恢复正常运行后方可排放。如因特殊原因造成污染治理设施未正常运行，超标排放污染物或偷排偷放污染物的，应按产排污系数法核算非正常情况下的实际排放量，计算公式见后文（三、产排污系数法），式中核算时段为非正常运行时段（或偷排偷放时段）。

二、物料衡算法

物料衡算法适用于各生产装置，是通过综合废水产生量和排放量来进行核算的。

1. 废水产生量

核算时段内生产装置的废水产生量的计算公式为

$$d_{水}=d_y+d_x+d_s-d_c-d_z-d_g-d_h \tag{4-3}$$

式中：$d_{水}$——核算时段内生产装置的废水产生量，m^3；

d_y——核算时段内原辅材料带入的水量，m^3；

d_x——核算时段内补充的新鲜水量，m^3；

d_s——核算时段内反应生成的水量，m^3；

d_c——核算时段内产品带出的水量，m^3；

d_z——核算时段内蒸发损失的水量，m^3；

d_g——核算时段内固体废物带出的水量，m^3；

d_h——核算时段内装置回用水的水量，m^3。

核算时段内废水的总产生量为进入综合废水处理设施的废水总量，其计算公式为

$$D_{总}=\sum d_{水}+d_1+d_2+d_3 \tag{4-4}$$

式中：$D_{总}$——核算时段内进入综合废水处理设施的废水总量，m^3；

$d_{水}$——核算时段内生产装置的废水产生量，m^3；

d_1——其他进入综合废水处理设施的废水量，m^3；

d_2——生活污水量，m^3，可参考 GB 50015—2019；

d_3——初期雨水量，m^3，计算公式为

$$d_3=\frac{F_s}{1\,000}\times\sum_{i=0}^{n}H_i \tag{4-5}$$

式中：F_s——生产装置或设施污染区的面积，m^2；

H_i——核算时段内第 i 次降雨量，mm（宜取 15～30 mm）；

n——核算时段内降雨次数，量纲一。

2．废水排放量

核算时段内废水排放量的计算公式为

$$D_{水}=d_{总}\left(1-\frac{\eta_{回用}}{100}\right) \tag{4-6}$$

式中：$D_{水}$——核算时段内综合废水处理设施的废水排放量，m^3；

$d_{总}$——核算时段内进入综合废水处理设施的废水量，m^3；

$\eta_{回用}$——核算时段内全部废水回用量，m^3。

三、产排污系数法

淀粉工业生产废水的污染物产污系数参见《全国污染源普查工业污染源产排污系数手册》（以最新版本为准）、《排污许可证申请与核发技术规范 农副食品加工工业——淀粉工业》。生活污水的产污系数可参考《建筑给水排水设计标准》（GB 50015—2019）中的参数。对于采用罕见、特殊原料或工艺的生产线，或上述产排污系数手册未涉及的处理方法，可咨询当地行业组织、专家、其他淀粉企业技术人员，选取近似产品、原料、工艺的产污系数进行代替。

核算时段内淀粉企业废水产生量的计算公式为

$$d_{总} = C_{废水量} \times S \quad (4\text{-}7)$$

式中：$d_{总}$——核算时段内进入综合废水处理设施的废水量，m^3；

$C_{废水量}$——单位淀粉产品生产废水的产污系数，m^3/t 产品；

S——核算时段内淀粉产品的产量，t。

核算时段内淀粉企业的废水排放量采用式（4-6）计算。

核算时段内淀粉企业废水污染物产生量的计算公式为

$$d = C_{污染物} \times S \quad (4\text{-}8)$$

式中：d——核算时段内进入综合废水处理设施的废水量，m^3；

$C_{污染物}$——单位淀粉产品生产废水的产污系数，m^3/t 产品；

S——核算时段内淀粉产品的产量，t。

四、类比法

类比法适用于新（改、扩）建工程的废水污染物源强核算。新（改、扩）建工程废水污染物产生量可类比现有装置废水污染物有效实测数据进行核算。类比条件如下：

① 原料类别相同且与污染物排放相关的成分相似（差异不超过 10%）；

② 辅料类型相同；

③ 主要生产工艺相同；

④ 产品类型相同；

⑤ 类比水量的，原料后产品规模差异不超过 30%。

根据污染物产生量和污染治理设施去除效率核算污染物排放量时，核算时段废水污染物排放量的计算公式为

$$D = d \times \left(1 - \frac{\eta_{去除}}{100}\right) \times \left(1 - \frac{\eta_{回用}}{100}\right) \tag{4-9}$$

式中：D——核算时段内废水中某污染物的产生量，t；

d——核算时段内废水中某污染物的排放量，t；

$\eta_{去除}$——污水处理设施对某种污染物的去除效率，%；

$\eta_{回用}$——核算时段内全部废水回用率，%。

第五章　淀粉工业污染物削减潜力与成本分析

第一节　废水处理推荐技术

一、排污许可推荐的可行技术

表 5-1 为淀粉工业排污许可可行技术推荐表。其中：

①可行一级（预）处理技术中，以玉米或淀粉为原料的生产企业采取的污水处理方法通常是粗（细）格栅→沉淀→过滤。

②可行二级处理技术（生化法处理）包括升流式厌氧污泥床（UASB）、厌氧反应器+缺氧/好氧活性污泥法（A/O 法）、膜生物反应器（MBR）法等。

③可行三级（除磷）处理技术包括化学除磷（注明混凝剂）、生物除磷、生物与化学组合除磷等。

④可行四级（深度）处理技术包括曝气生物滤池（BAF）/V 形滤池、臭氧氧化、膜分离技术（超滤、反渗透等）、电渗析、人工湿地等。

⑤可行废水回用技术包括冷凝水、蒸发水收集回用，利用生产工艺废水循环使用提高产品得率，清洗水经处理循环使用等。

⑥可行清洁生产工艺包括蛋白回收、生产玉米油、提取膳食纤维、其余固形物质回收做饲料等。

表 5-1 淀粉工业排污许可可行技术推荐

废水类别	污染控制项目	排放去向	排放口类型	执行排放标准[a]	污染治理设施	
					污染治理设施名称及工艺	是否为可行技术
生活污水	pH、SS、BOD_5、COD_{Cr}、NH_3-N、TN、TP	不外排[b]	—	—	不处理直接排入厂内综合污水处理站；其他	—
		进入城镇污水集中处理设施	一般排放口	—	—	—
		直接排放[c]	主要排放口	GB 25461—2010	①预处理：粗（细）格栅→沉淀→过滤；其他。 ②二级处理：活性污泥法及改进的活性污泥法；其他。 ③除磷处理：化学除磷（注明混凝剂）；生物除磷；生物与化学组合除磷；其他。 ④深度处理：曝气生物滤池（BAF）/V 形滤池；臭氧氧化；膜分离技术（超滤、反渗透等）；电渗析；人工湿地；其他	□是 □否 如采用不属于 HJ 860.2—2018“6 污染防治可行技术要求”中的技术，应提供相关证明材料
厂内综合污水处理站排放的综合污水（生产废水、生活污水、初期雨水等）	pH、SS、BOD_5、COD_{Cr}、NH_3-N、TN、TP、总氰化物（以木薯为原料的淀粉生产）	直接排放[c]	主要排放口	GB 25461—2010	①预处理：粗（细）格栅；沉淀；过滤；其他。 ②生化法处理：厌氧处理（UASB、EGSB、IC 或其他）；好氧处理（A/O、MBBR、SBR 或其他）；厌氧处理（UASB、EGSB、IC 或其他）+好氧处理（A/O、MBBR、SBR 或其他）；其他。 ③除磷处理：化学除磷（注明混凝剂）；生物除磷；生物与化学组合除磷；其他。 ④深度处理：V 形滤池；臭氧氧化；膜分离技术（超滤、反渗透等）；电渗析；人工湿地；其他	□是 □否 如采用不属于“6 污染防治可行技术要求”中的技术，应提供相关证明材料
		间接排放[d]				

注：[a] 地方有更严格排放标准要求的，从其规定。

[b] 不外排指废水经处理后循环使用排入厂内综合污水处理站，以及其他不通过排污单位污水排放口的排放方式。

[c] 直接排放指直接进入江、河、湖、库等水环境，直接进入海域、城市下水道（再入江、河、湖、库）或城市下水道（再入沿海海域），以及其他直接进入环境水体的排放方式。

[d] 间接排放指进入城镇污水集中处理设施、工业废水集中处理设施，以及其他间接进入环境水体的排放方式。

二、标准推荐的技术

《淀粉废水治理工程技术规范》（HJ 2043—2014）规定的淀粉废水处理主体工程主要包括废水处理系统、回用水系统、污泥处理处置系统、恶臭处理系统、沼气利用系统。废水处理系统主要包括预处理、生化处理和深度处理，其工艺路线一般为“预处理+厌氧生物处理+好氧生物处理+深度处理”，详见表 5-2。

表 5-2　废水处理厂（站）单元处理效率

处理程度	处理方法	主要工作环节	处理效率/%			
			COD_{Cr}	BOD_5	SS	NH_3-N
预处理	自然沉淀	格栅、沉淀、调节	8～10	6～8	40～55	—
	板框压滤机	格栅、板框压滤机、调节	10～15	8～10	45～60	—
厌氧生物处理	EGSB	EGSB	80～92	90～95	30～50	—
	UASB	UASB	80～92	90～95	30～50	—
好氧生物处理	活性污泥	SBR	75～90	85～95	80～90	85～90
	活性污泥	A/O+二沉池	75～90	85～95	80～90	91～96
	活性污泥	CASS	75～90	85～95	80～90	85～90
	生物膜	生物接触氧化	75～90	85～95	80～90	91～96
深度处理	生物膜	MBR	50～85	30～60	80～95	80～90
	过滤	砂滤池、BAF	10～20	—	50～60	—
	混凝	混凝沉淀（澄清、气浮）	15～30	—	50～70	—
	吸附	活性炭吸附	＞20	—	＞80	—

第二节　废水处理成本分析

一、淀粉工业废水处理成本调研资料汇总

表 5-3 为各级处理技术需要的投资与运行成本汇总。其结果表明，随着对排放水质的要求越来越严格，废水处理的运行费用呈增长趋势。以玉米

淀粉 2015 年的产量 2 259 万 t 计，可计算出各标准分级对应的运行成本，执行《太湖地区城镇污水处理厂及重点工业行业主要水污染物排放限值》（DB 32/1072—2007）的费用最高，为 32.7 亿元；执行《污水排入城镇下水道水质标准》（CJ 343—2010）中纳管标准的费用最低，为 4 亿元；执行《淀粉工业水污染物排放标准》中直接排放和间接排放标准的运行费用差别不大。对于试点流域的淀粉生产企业，执行《淀粉工业水污染物排放标准》表 2 间接排放标准和执行《太湖地区城镇污水处理厂及重点工业行业主要水污染物排放限值》之间的废水处理运行费用相差 2 倍多。

表 5-3 各级处理技术需要的投资与运行成本汇总

分级	执行标准	运行费用/（元/t 废水）	全国玉米淀粉生产企业的运行费用/万元
一级	GB 25461—2010 表 3 直接排放标准或地方标准	13.64	327 360
二级	GB 25461—2010 表 3 间接排放标准	9.82	235 680
三级	GB 25461—2010 表 2 直接排放标准	4.00	96 000
四级	GB 25461—2010 表 2 间接排放标准	3.75	90 000
五级	CJ 343—2010	1.67	40 080
试点企业 1	GB 25461—2010 表 2 间接排放	6.00	4.8
试点企业 1	DB 32/1072—2007	13.64	11.866 8

二、淀粉工业废水处理设施建设成本

本书编写团队对淀粉生产企业污水处理固定设施投资开展了调研，调研对象有新建、整体搬迁、技改项目、新建生产线、产品提升等类型的企业。其中，整体搬迁企业的污水处理投资为每吨废水 1 905 元，产品产能为 147 万 t，日处理废水 14 000 t，环保投资为 2 667.62 万元，占总投资的 3.85%；技改项目企业的环保投资为 10 万元，占技改总投资的 0.14%；产品提升企业的产品产能为 13 万 t，环保投资为 511 万元，占产品提升总投资的 2.18%；

新建企业根据规模和产品不同，投资也不同，产品产能为 2 万～58 万 t，环保投资为 80 万～3 000 万元，占新建企业总投资的 13.39%；新建生产线企业的产品产能为 1.5 万～48 万 t，环保投资为 10 万～7 600 万元，一般要以新带旧，环保成本占平均新建生产线总投资的 25%。由表 5-4 可知，环保投资中，新建生产线企业＞新建企业＞整体搬迁企业＞产品提升企业＞技改项目企业。典型企业的污水处理工艺与投资成本汇总见表 5-5。

表 5-4　生产线投资占比

企业类型	废水处理固定投资/（元/t 废水）	投资占比/%
整体搬迁	1 905	3.85
技改项目	429	0.14
产品提升	4 258	2.18
新建	7 998	13.39
新建生产线	11 576	25

表 5-5　典型企业的污水处理工艺与投资成本汇总

生产链	环保投资/万元	日设计处理能力/t	执行标准	污水处理站主要工艺	全厂投资/万元
135 万 t 玉米产淀粉、结晶葡萄糖、麦芽糊精、山梨醇、饲料	2 667.62	14 000	《淀粉工业水污染物排放标准》表 2 间接排放	中和池—预处理—机械格栅—EGSB 反应—A^2/O 单元—污泥处理—沼气利用系统，工艺采用自控仪表自动控制，冬季需对废水进行加温直至达到 EGSB 运行温度（32～38℃）	69 304.95
7 万 t 葡萄糖精制山梨醇	10	7 万 t/a	淀粉工业水污染物排放标准》表 2 间接排放	更新蒸发器、离子交换工艺，增加废酸碱液回收工艺	6 971
13 万 t 淀粉产糖浆	511	1 200	《污水综合排放标准》二级标准	调节池+IC 内循环厌氧塔+A/O 工艺	23 483

生产链	环保投资/万元	日设计处理能力/t	执行标准	污水处理站主要工艺	全厂投资/万元
30万t玉米产淀粉20万t、赖氨酸5万t、变性淀粉3万t	4 145	3 100（+1 704清）	《淀粉工业水污染排放标准》表2间接排放标准	BYIC处理工艺+二级A/O脱氮处理工艺+混凝沉淀（前）；更高效的EGSB厌氧处理和脱氮更好的两段AO污水处理工艺（后）	63 217
5万t淀粉乳产淀粉0.6万t、淀粉糖1万t、蛋白0.4万t	80	300	《淀粉工业水污染排放标准》表2间接排放标准	A/O法	4 860
24.3万t淀粉产麦芽糖浆6万t、果葡糖浆6万t、结晶葡萄糖6万t、麦芽糊精6万t	132.3	166.27 m^3	《淀粉工业水污染物排放标准》表2间接排放标准	UASB工艺	4 900
60万t玉米产淀粉40万t、纤维饲料13万t、蛋白粉3万t、玉米油1.5万t	3 000（运行费342.4+中水回用36.74）	4 000	《污水综合排放标准》中一级排放标准	厌氧+H/O+高效纤维过滤处理工艺	68 659.8
60万t玉米产结晶糖25万t、葡萄糖浆15万t	75 600	30 000	《淀粉工业水污染物排放标准》表2间接排放标准	废水处理采用“EGSB+A/O池”处理工艺	281 437
1.4万t蔗糖产海藻糖1万t、麦芽糖0.55万t	10	7 390 t/a	《太湖地区城镇污水处理厂及重点工业行业主要水污染物排放限值》（DB 32/1072—2007）零排放	中和池+反渗透净化装置+浓缩	5 751

三、企业生产过程中排放废水的处理成本

淀粉生产企业经废水处理技术改造后，废水排放总量为 7 390 t/a，折合约 24.6 t/d。废水处理设施为化学预处理+水解+厌氧+好氧微生物+SBR 反应池，实际处理效率见表 5-6。

表 5-6　废水处理设施实际处理效率　单位：mg/L

处理工艺	处理效率	COD	SS	NH_3-N	TN	TP	盐分
生化水解	进水浓度	187	145	15.3	20	1.4	304
	出水浓度	168.3	116	14.54	19	1.26	304
	去除率/%	10	20	5%	5	10	—
厌氧反应	进水浓度	168.3	116	14.54	19	1.26	304
	出水浓度	134.6	63.8	13.80	18.05	1.13	304
	去除率/%	20	45	5	5	10	—
生物流化床	进水浓度	134.6	63.8	13.80	18.05	1.13	304
	出水浓度	107.7	25.5	6.90	10.83	0.79	304
	去除率/%	20	60	50	40	30	—
接触氧化池	进水浓度	107.7	25.5	6.90	10.83	0.79	304
	出水浓度	53.8	10.2	3.45	6.498	0.56	304
	去除率/%	50	60	50	40	30	—
混凝沉淀池	进水浓度	53.8	10.2	3.45	6.50	0.56	304
	出水浓度	53.8	2.0	3.45	6.50	0.56	304
	去除率/%	0	80	0	0	0	—
SBR 池	进水浓度	53.8	10.2	3.45	6.50	0.56	304
	出水浓度	50	10	2.2	5.3	0.5	304
	去除率/%	7	2	36	18	10	—
总去除率/%		73.3	93	85.6	73.5	64.3	—
标准		100	70	15	15	0.5	—

由表 5-6 可知，原废水处理设施进行改造后，污水处理工艺采用“化学预处理+水解+厌氧+好氧微生物+SBR 反应池”，最终出水水质 pH 值、COD、悬浮物、氨氮、总磷均满足《污水综合排放标准》中表 4 的一级标准；总氮满足《太湖地区城镇污水处理厂及重点工业行业主要水污染物排放限值》中表 2 限值，达标废水排入河中。在区域污水处理厂及污水管网建设完善后，项目废水经厂内预处理达标后可排至区域污水处理厂集中处理。

经济可行性分析：电费［统一按 0.75 元/（kW·h）］为 2.15 元/t 废水；其他费用为 0.31 元/t；每配置 1 人，工资按 1 500 元/月计，折算下来为 1.8 元/t 水。直接运行费用：2.15+0.31+1.8 =4.26 元/t 废水。项目需处理废水为 7 390 t/a，则直接运行费用为 3.15 万元/a，所占项目总成本的比例较小。因此，项目污水处理设施从经济上是可行的。

第三节　污染物削减潜力分析

在对淀粉工业的基本情况进行研究的基础上，以基于技术的排污许可思路来分析淀粉工业核发排污许可证的各类信息，并结合执行报告报送的一些实际排放情况和当地的水质情况，可以适当加严排放限值或采取一些可行的措施以减少污染物排放量。按照污染物的浓度和排水量，以及每级对应的技术、成本，可以分析出淀粉工业的污染物削减潜力。

一、浓度

本书筛选出的每一级标准都有对应的处理技术，因此在此范围内根据地表水水质要求来削减主要排放废水的污染物浓度是可行的。

二、排水量

目前《淀粉工业水污染物排放标准》规定的现行企业基准排水量为 3 t/t 淀粉。表 5-7 至表 5-9 是关于不同产品废水量的调研结果。

表 5-7 玉米淀粉生产废水产生情况 单位：万 t

年份 指标	企业 1			企业 2			企业 3			企业 4		
	2014	2015	2016	2014	2015	2016	2014	2015	2016	2014	2015	2016
单位产品新鲜水耗	5.66	4.00	2.52	4.54	4.77	4.95	4.00	4.20	4.11	4.72	4.91	5.26
单位产品废水产生量	1.24	1.44	1.48	2.29	2.33	2.31	2.01	2.04	2.14	1.54	1.49	1.72
计算口径	单位产品新鲜水耗=（淀粉车间耗水量+分摊生产辅助和生产附属系统耗水量）/全口径淀粉产量 单位产品废水产生量（只生产淀粉产品）=全厂废水产生量/全口径淀粉产量 单位产品废水产生量（还生产其他淀粉衍生品）=淀粉车间废水产生量/全口径淀粉产量											

表 5-8 变性淀粉生产过程中的平均耗水量 单位：万 t

变性方式	水单耗
醋酸酯淀粉	4.7
磷酸酯双淀粉	4.9
羟丙基淀粉	4.8
羟丙基二淀粉磷酸酯	4.9
酸处理淀粉	4.7
氧化淀粉	4.6
氧化羟丙基淀粉	4.3
乙酰化二淀粉磷酸酯	4.7
乙酰化双淀粉己二酸酯	4.8
辛烯基琥珀酸淀粉钠	4.8

表 5-9 淀粉糖生产废水产生情况 单位：万 t

年份 指标	企业 3			企业 4			企业 5		
	2014	2015	2016	2014	2015	2016	2014	2015	2016
单位产品新鲜水耗	2.43	2.42	2.78	5.32	5.81	6.32	4.76	5.35	3.55
单位产品废水产生量	2.77	2.59	2.95	13.37	12.34	12.19	4.16	4.17	4.82
计算口径	单位产品新鲜水耗=（麦芽糖车间耗水量+分摊生产辅助和生产附属系统耗水量）/绝干麦芽糖产量 单位产品废水产生量（只生产果糖产品）=全厂废水产生量/果糖产量 单位产品废水产生量（还生产其他产品）=麦芽糖车间废水产生量/麦芽糖产量								

从表 5-7 可以看出，用玉米生产淀粉时产生的废水为 1.24～2.33 t/t 淀粉，废水排放量理论上小于等于产生量，因此淀粉生产企业只用玉米生产淀粉时，可以考虑优于《淀粉工业水污染物排放标准》中规定的基准排水量。

从表 5-8 可以看出，变性淀粉生产废水的产生量大于《淀粉工业水污染物排放标准》中规定的基准排水量，主要原因是变性淀粉的生产废水中含盐，难以再利用。

从表 5-9 可以看出，淀粉糖的生产废水有的满足《淀粉工业水污染物排放标准》中规定的基准排水量，有的高于基准排水量，主要原因是对产品的纯度要求不同，纯度越高，用水量越大，而且这类清洗水难以回用。

因此，严于《淀粉工业水污染物排放标准》中规定的基准排水量只是针对某些产品而言的。

由于项目试点城市淀粉企业的生产原料及产品较少，2018 年 3—4 月课题组又在全国范围内发放了调研表，对淀粉企业开展了有关水污染物排放情况及排水量的调查，共收回 45 家企业的调查情况。表 5-10 为调研企业淀粉废水排放情况，表 5-11 为调研企业水污染物排放超标情况。

表 5-10　调研企业淀粉废水排放情况　　单位：t

产品大类	产品小类	基准排水量调查结果	达标情况
淀粉生产	玉米淀粉（乳）	0.95～0.96	达标
	玉米淀粉	1.32～2.6	达标
	红薯淀粉	15～23.7	超标
	马铃薯、木薯淀粉	7～7.4	达标
变性淀粉	变性淀粉	2.0～7.3	达标
淀粉糖	一水糖	1.48～2.1	达标
	无水糖	0.5～0.6	达标
	果糖	4.7～5.7	超标
淀粉制品	粉丝、粉条	1～1.2	达标

表 5-11　调研企业水污染物排放超标情况

超标企业情况	SS	COD_{Cr}	BOD_5	NH_3-N	TN	TP	总氰化物（限木薯淀粉）
超标企业数/家	13	12	13	1	19	36	0
超标企业占比/%	29	27	29	2	42	80	0

表 5-10 表明，调研企业的生产原料有玉米、小麦、大米、木薯、马铃薯、葛根、藕、芭蕉和淀粉等，产品有淀粉、葡萄糖浆、果糖浆、结晶糖、无水糖和淀粉制品。其中，用红薯、部分变性淀粉和无水果糖生产淀粉的企业的基准排水量大于《淀粉工业水污染物排放标准》中规定的基准排水量，主要原因是为保障产品品质，清洗水用量大，且废水中因含有盐类等物质而不能回用。

从表 5-11 中可以看出，总磷超标最严重，45 家企业有 36 家超标；其次是总氮，有 19 家企业超标；悬浮物、COD_{Cr}和 BOD_5 超标的企业接近 30%。主要原因是环境管理薄弱、企业环保意识和运行管理不到位、污水处理设施与达标技术有差异，以及在《淀粉工业水污染物排放标准》出台后，一些用水量极大的新产品（食品和医药级淀粉糖）陆续开始生产。

三、污染物排放量

上述研究结果表明，淀粉工业水污染物排放量在一定条件下是可以削减的。利用水污染物许可排放浓度限值的计算方法来核算淀粉废水污染物排放量的方法如下：

方法一：由单位产品基准排水量和产品产能核定，计算公式见式（3-3）。

方法二：依据生产单位最终产品的水污染物排放量限值和产品产能核定，计算公式见式（3-4）。

第六章　淀粉工业排污许可技术规范主要内容解读

第一节　技术规范总体框架

一、适用范围

《排污许可证申请与核发技术规范　农副食品加工工业——淀粉工业》（以下简称《淀粉工业技术规范》，详细内容见附录）是针对淀粉工业的排污许可技术规范，适用于指导所有以谷类、薯类和豆类等含淀粉的农产品为原料制作淀粉（乳），以及以淀粉（乳）为原料生产淀粉糖、变性淀粉、粉丝、粉条、粉皮、凉粉、凉皮等淀粉制品的排污单位。淀粉企业涉及的胚芽、纤维、蛋白粉、谷朊粉以及葡萄糖酸盐等生产也适用于该技术规范，但由胚芽制玉米油、糖醇的生产不适用于该技术规范，以发酵方式生产的产品，如味精、柠檬酸、谷氨酸、赖氨酸等也不适用于该技术规范。

胚芽、纤维、蛋白粉、谷朊粉以及葡萄糖酸盐等的生产是淀粉企业在生产淀粉、淀粉糖等产品的基础上加工的副产物或延长的生产线，与淀粉工业本身的生产难以脱节，一般与淀粉生产在同一企业内进行，为便于排污许可证的发放而将其纳入《淀粉工业技术规范》的适用范围。需要注意的是，纳入该技术规范适用范围的前提首先是具有淀粉工业的生产行为，包括淀粉、淀粉糖、变性淀粉或淀粉制品的生产，在此基础上含有这些副产品和部分延长链的生产才按《淀粉工业技术规范》执行。

对于由胚芽制玉米油的生产，在生态环境部已立项并于 2018 年启动的《排污许可证申请与核发技术规范　农副食品加工工业——饲料加工、植物油加工工业》（HJ 1110—2020）中已涉及，因此不再纳入《淀粉工业技术规范》适用范围。

根据《固定污染源排污许可分类管理名录（2019 版）》和《产业结构调整指导目录（2011 年本）》修正版（表 6-1），淀粉工业排污许可证发放范围如下：实施重点管理的排污单位为企业年加工能力 15 万 t 玉米或者 1.5 万 t 薯类及以上的淀粉生产，或者年产能力 1 万 t 及以上的淀粉制品生产，有发酵工艺的淀粉制品单位；实施简化管理的排污单位为除实施重点管理的排污单位外，年加工能力 1.5 万 t 及以上玉米、0.1 万 t 及以上薯类或豆类、4.5 万 t 及以上的淀粉制品（不含发酵工艺）生产单位。

表 6-1　《产业结构调整指导目录（2011 年本）》修正版

类别	具体内容
鼓励类	“十九、轻工”—“35、薯类变性淀粉”
限制类	“十二、轻工”—“31、年加工玉米 30 万吨以下、绝干物收率在 98%以下的湿法玉米淀粉生产线”
淘汰类	“一、落后生产工艺装备”—“（十二）轻工”—“30、年处理 10 万吨以下、总干物收率 97%以下的湿法玉米淀粉生产线”

《淀粉工业技术规范》适用于对淀粉工业排污单位排放的大气污染物和水污染物的排污许可管理。固体废物在该技术规范中只做管理规定。

淀粉工业排污单位中，执行《火电厂大气污染物排放标准》（GB 13223—2011）的生产设施或排放口，适用于《火电行业排污许可证申请与核发技术规范》；执行《锅炉大气污染物排放标准》（GB 13271—2014）的生产设施或排放口，适用于《排污许可证申请与核发技术规范　锅炉》（HJ 953—2018）。

《淀粉工业技术规范》未做规定，但由淀粉工业排污单位排放工业废水、废气和国家规定的有毒有害污染物的其他产污设施和排放口，参照《排污许可证申请与核发技术规范　总则》（HJ 942—2018）执行。

二、产排污环节对应排放口及许可排放限值确定方法

1．排放口

产排污环节对应排放口、许可排放限值中的许可排放浓度均可按照《淀粉工业技术规范》规定的方法确定，相关编制说明重点介绍了规定的许可排放量核算方法及无组织排放控制要求。有组织排放口的编号填写地方生态环境主管部门现有编号，或由淀粉工业排污单位根据《排污单位编码规则》（HJ 608—2017）进行编号并填报。

2．许可排放限值确定方法

对于淀粉工业水污染物和大气污染物的不同排放口，《淀粉工业技术规范》分别规定了是否需要核算许可排放浓度和许可排放量，即对于水污染物，废水总排放口和生活污水直接排放口许可排放浓度和排放量，单独排入城镇污水集中处理设施的生活污水排放口不许可排放浓度和排放量；对于大气污染物，以排放口为单位确定主要排放口和一般排放口的许可排放浓度，以厂界确定无组织许可排放浓度，主要排放口逐一计算许可排放量，一般排放口和无组织排放不许可排放量。

对于许可排放浓度，根据国家或地方污染物排放标准，按照从严原则确定。对于许可排放量，区分为两种情形：第一种是依法分解落实到排污单位，依据重点污染物排放总量控制指标及《淀粉工业技术规范》规定的方法从严确定许可排放量；第二种是 2015 年 1 月 1 日（含）后取得环境影响评价文件批复的淀粉工业排污单位，许可排放量还应同时满足环境影响评价文件和批复要求。同时，《淀粉工业技术规范》也给出了总量控制指标包括的具体形式。

《淀粉工业技术规范》要求，当淀粉工业排污单位填报申请排污许可排放限值时，应在排污许可证申请表中写明申请许可的排放限值计算过程。淀粉工业排污单位承诺的排放浓度严于该技术规范要求的，应在排污许可证中说明。

第二节　许可排放限值确定方法

一、许可排放浓度

1. 废水

对于废水许可排放浓度,《淀粉工业技术规范》主要规定了四方面的内容:

一是单独排放时,对于淀粉工业排污单位废水直接或间接排向环境水体的情况,应依据《淀粉工业水污染物排放标准》中的直接排放限值或间接排放限值来确定排污单位废水总排放口的水污染物许可排放浓度。地方有更严格排放标准要求的,按照地方排放标准从严确定。

二是混合排放时,在淀粉工业排污单位的生产设施同时生产两种或两种以上类别的产品、可适用不同排放控制要求或不同行业污染物排放标准时(如淀粉、淀粉糖、变性淀粉和淀粉制品的生产废水执行《淀粉工业水污染物排放标准》,淀粉生产葡萄糖酸盐产生的废水执行《污水综合排放标准》,且生产设施产生的污水在混合处理排放的情况下,应执行排放标准中规定的最严格的浓度限值。

三是废水回用时,要求达到相应的回用水水质标准。

四是薯类淀粉生产废水的进行土地利用时,应符合国家和地方有关法律、法规、标准及技术规范文件的要求。

对于混合排放,应注意在《淀粉工业技术规范》适用的生产行为中,有一些环节并不执行《淀粉工业水污染物排放标准》,比较典型的是葡萄糖制葡萄糖酸盐、胚芽、纤维、蛋白加工等过程应执行《污水综合排放标准》。因此,许可排放浓度应在《淀粉工业水污染物排放标准》和《污水综合排放标准》中取严执行。

对于薯类淀粉生产废水进行土地利用的情况,主要考虑的是薯类淀粉废水的出路问题,其在进行土地利用时应符合国家和地方有关法律、法规、标准及技术规范文件的要求。主要原因在于薯类淀粉的原料包括马铃薯、红薯和木薯等，其生产与产排污具有以下特点：①5～8 t 薯类原料生产 1 t 淀粉，而 1.4 t 玉米原料就可以生产 1 t 淀粉，因此薯类淀粉的清洗水用量远远大于用谷类生产淀粉时的用水量；②废水中的 COD_{Cr} 高达 1 万～3 万 mg/L，而《淀粉工业水污染物排放标准》要求一般地区的企业废水直接排放量为 100 mg/L，因此生化处理达标的难度较大；③薯类淀粉生产属于季节性生产，一般在秋冬季，短短三四个月的生产时间和较低的气温不利于污水的生化处理；④薯类淀粉企业普遍生产规模偏小，年产量 1 万 t 淀粉以上的企业占比不到 5%，因而难以承担较高的污水处理成本投入；⑤薯类淀粉多数分布在我国西部和东北地区，多为缺水地区，如能将淀粉废水综合利用则可以缓解农田缺水现状，且能利用废水中的营养物质。调研发现，目前薯类淀粉企业普遍仍采用二级生化处理方式，处理后的 COD_{Cr} 约 1 000 mg/L。

基于以上原因，国内外在薯类淀粉废水的土地利用方面均开展了一些实践。目前，我国薯类淀粉企业大多在农闲时将废水还田，起到了补水保墒、增加基肥的作用，也有企业将废水经过稀释用于绿化山林。自 2007 年启动“马铃薯淀粉加工废水农田灌溉试验示范”项目以来，在示范推广的 3 年期间累计共将 200 多万 m^3 的马铃薯淀粉废水施用于 1.8 万亩农田，效果良好。目前，实验区域的 20 多家企业已全面实施废水还田利用，不再排入地表水体。

在国外，美国国家环保局在 2006 年发布的《城市排水土地处理的工艺设计手册》（*Process Design Manual for Land Treatment of Municipal Wastewater Effluents*）第 11 章的案例中详细介绍了美国艾奥瓦州某公司自 1973 年起将马铃薯加工废水（2 650 m^3/d）施用于 190 hm^2 土地的情况。加利福尼亚州 2007 年发布了《食品加工/冲洗水土地利用的良好实践》（*Manual of Good Practice for Land Application of Food Processing/rinse water*）。丹麦、德国、英国等国家的淀粉生产企业将提取马铃薯蛋白后的脱蛋白水直接与农户进行工业废水交易，废水由农户用罐车直接运往农田进行均匀施用。日本出版的《淀粉科学手册》指出，淀粉在制造过程中 70%～90%的氮、磷、钾均转移到废水中，因此可以将这些废水施加到旱地和草地作为肥料加以利用。澳大利亚将阿德莱德市食品厂排出的废水用于灌溉葡萄，检测结果表明，土壤及农产品没有查出任何有害成分，且葡萄产量有所提高。

因此，对于薯类淀粉废水还田，《淀粉工业技术规范》提出应符合国家和地方有关法律法规、标准及技术规范文件要求，在已发布相关规范或指南的地方可以先行开展。

2．废气

对于废气许可排放浓度，《淀粉工业技术规范》主要规定了三方面的内容：

一是单独排放时，应依据《工业炉窑大气污染物排放标准》《锅炉大气污染物排放标准》《恶臭污染物排放标准》《大气污染物综合排放标准》确定淀粉工业排污单位废气许可排放浓度限值。地方有更严格排放标准要求的，按照地方排放标准从严确定。

二是大气污染防治重点控制区，按照《关于执行大气污染物特别排放限值的公告》和《关于执行大气污染物特别排放限值有关问题的复函》的要求执行。其他执行大气污染物特别排放限值的地域范围和时间，由国务院生态环境行政主管部门或省级人民政府规定。

三是混合排放时，若执行不同许可排放浓度的多台生产设施或排放口采用混合方式排放废气，且选择的监控位置只能监测混合废气中的大气污染物浓度，则应执行各许可排放限值要求中最严格的浓度限值。

目前来看，淀粉工业排污单位各个有组织排放口主要还是以单独排放方式为主。

二、许可排放量

1．废水

对于废水许可排放量，《淀粉工业技术规范》主要规定了两方面的内容：

一是对于核算因子，实行重点管理的淀粉工业排污单位应明确 COD_{Cr}、氨氮以及受纳水体环境质量年均值超标且列入《淀粉工业水污染物排放标准》中的其他排放因子的年许可排放量。位于《“十三五”生态环境保护规划》及生态环境部正式发布的文件中规定的总磷、总氮总量控制区域内的淀粉工业排污单位，还应分别申请总磷及总氮年许可排放量。地方生态环境主管部门另有规定的，从其规定。因此，实行重点管理的淀粉工业排污单位在申报排污许可时，首先要核算 COD_{Cr} 和氨氮的许可排放量；其次要查询受纳水体环境质量年均值超标因子，并将其与《淀粉工业水污染物排放标准》中的控制因子进行比对，如属于《淀粉工业水污染物排放标准》中的控制因子，则也要对该因子设置许可排放量；最后要查询相关文件中规定的总磷、总氮总量控制区域，如排污单位属于此区域，则应对总磷和总氮设置许可排放量。

《“十三五”生态环境保护规划》中给出了总磷、总氮总量控制区域：总磷超标的控制单元以及上游相关地区要实施总磷总量控制，包括天津市宝坻区，黑龙江省鸡西市，贵州省黔南布依族苗族自治州、黔东南苗族侗族自治州，河南省漯河市、鹤壁市、安阳市、新乡市，湖北省宜昌市、十堰市，湖南省常德市、益阳市、岳阳市，江西省南昌市、九江市，辽宁省抚顺市，四川省宜宾市、泸州市、眉山市、乐山市、成都市、资阳市，云南省玉溪市等；在56个沿海地级及以上城市或区域实施总氮总量控制，包括丹东市、大连市、锦州市、营口市、盘锦市、葫芦岛市、秦皇岛市、唐山市、沧州市、天津市、滨州市、东营市、潍坊市、烟台市、威海市、青岛市、日照市、连云港市、盐城市、南通市、上海市、杭州市、宁波市、温州市、嘉兴市、绍兴市、舟山市、台州市、福州市、平潭综合实验区、厦门市、莆田市、宁德市、漳州市、泉州市、广州市、深圳市、珠海市、汕头市、江门市、湛江市、茂名市、惠州市、汕尾市、阳江市、东莞市、中山市、潮州市、揭阳市、北海市、防城港市、钦州市、海口市、三亚市、三沙市和海南省直辖县级行政区；在29个富营养化湖库汇水范围内实施总氮总量控制，包括安徽省巢湖、龙感湖，安徽省、湖北省南漪湖，北京市怀柔水库，天津市于桥水库，河北省白洋淀，吉林省松花湖，内蒙古自治区呼伦湖、乌梁素海，山东省南四湖，江苏省白马湖、高邮湖、洪泽湖、太湖、阳澄湖，浙江省西湖，上海市、江苏省淀山湖，湖南省洞庭湖，广东省高州水库、鹤地水库，四川省鲁班水库、邛海，云南省滇池、杞麓湖、星云湖、异龙湖，宁夏回族自治区沙湖、香山湖，新疆维吾尔自治区艾比湖等。

此外，按照《排污许可证管理暂行规定》第十条的规定，实行排污许可简化管理的排污单位可不将污染物许可排放量纳入许可事项，因此《淀粉工业技术规范》提出，实行排污许可简化管理的淀粉工业排污单位不将污染物许可排放量纳入许可事项，地方要求纳入的，从其规定。

二是单独排放时，水污染物许可排放量的核算方法可通过相关排放标准中规定的浓度限值、基准排水量和企业生产产品产能的乘积来确定（表6-2 至表 6-4）。

表 6-2 《淀粉工业水污染物排放标准》规定的基准排水量　　单位：m^3/t

企业类别	产品分类	单位产品（淀粉）基准排水量
现有企业	以玉米、小麦为原料	5
	以薯类为原料	12
新建企业	以玉米、小麦为原料	3
	以薯类为原料	8
执行特别排放限值企业	以玉米、小麦为原料	1
	以薯类为原料	4

表 6-3 《清洁生产标准　淀粉工业（玉米淀粉）》（HJ 445—2008）

指标	一级	二级	三级
取水量/（m^3/t 淀粉）	3.0	4.5	6.0
水重复利用率/%	85	70	60
废水产生量/（m^3/t 淀粉）	2.8	4.0	5.0
COD_{Cr} 产生量/（kg/t 淀粉）	14	24	32
氨氮产生量/（kg/t 淀粉）	0.16	0.24	0.3

表 6-4 《取水定额　第 22 部分：淀粉糖制造》（GB/T 18916.22—2016）

分类		现有企业取水量/（m^3/t 淀粉糖）	新改扩建企业取水量/（m^3/t 淀粉糖）	先进企业取水量/（m^3/t 淀粉糖）
葡萄糖	结晶葡萄糖	2.8	2.5	2.3
	葡萄糖浆	5	4.5	2.8
麦芽糖	结晶麦芽糖	10	8	7.5
	麦芽糖浆	5	4.5	2.5
果糖	F55 果葡糖浆	5	4.5	3.5
	F42 果葡糖浆	4.2	3.8	3.0

注：该标准中淀粉糖制造是指以淀粉或淀粉质或淀粉以外的碳水化合物为原料生产淀粉糖产品的过程。

课题组对企业废水的实际排放情况进行了调研，共涉及 45 家淀粉生产企业，得到了 99 组有效数据，调研结果整理见表 6-5。

表 6-5 企业排水量调研结果

分类		原料	产品	有效数据	排水量/（m^3/t 产品）	排水量平均值/（m^3/t 产品）	排放标准（一般；特殊排放）/（m^3/t 产品）	第一次污染源普查系数/（m^3/t 产品）
前段生产		玉米	淀粉	8	0.70～2.73	1.53	3；1	5.02
		玉米	淀粉乳	4	1.10～2.73	1.92	3；1	5.02
		小麦	淀粉	1	2.11	2.11	3；1	6.526
		马铃薯	淀粉乳	16	1～16.46	4.88	8；4	17.099，22.229
		木薯	淀粉	12	7.5～45.97	14.49	8；4	14.982，19.477
		甘薯	淀粉	1	6.15	6.15	8；4	17.099
		莲藕	纯藕粉	3	76～95	87.67		34.198
		葛根	葛根粉	1	50	50		34.198
		芭蕉芋	淀粉	1	40	40		34.198
后段生产	淀粉糖	淀粉乳	麦芽糊精	5	1.31～14.42	6.81	3；1	4.943，5.184
		淀粉乳	麦芽糖浆	2	1.43～31.32	9.44	3；1	5.492，5.761
		淀粉乳	葡萄糖浆	6	0.37～2.47	1.43	3；1	5.492，5.761
		淀粉乳	葡萄糖酸盐	1	2.5	2.5	3；1	—

分类		原料	产品	有效数据	排水量/（m^3/t 产品）	排水量平均值/（m^3/t 产品）	排放标准（一般；特殊排放）/（m^3/t 产品）	第一次污染源普查系数/（m^3/t 产品）
后段生产	淀粉糖	淀粉	F42 果糖浆	1	2.70	2.70	3；1	6.913
		淀粉乳	F42 果糖浆	1	3.90	3.90	3；1	6.913
		淀粉	F55 果糖浆	3	2.74～3.19	2.90	3；1	6.913
		淀粉乳	F55 果糖浆	3	2.92～3.92	3.42	3；1	6.913
		淀粉乳	结晶葡萄糖	7	1.60～6.78	3.28	3；1	7.689，8.065
		结晶葡萄糖	无水葡萄糖	1	0.8	0.8	3；1	—
		淀粉乳	海藻糖	1	4	4	3；1	7.689，8.065
		结晶葡萄糖	结晶果糖	1	12	12	3；1	—
	变性淀粉	淀粉	变性淀粉（食品级）	3	0.03～4.22	2.62	3；1	—
		淀粉乳	变性淀粉（工业级）	2	2.75～32.26	17.50	3；1	—
	淀粉制品	淀粉	粉丝、粉条、粉皮等淀粉制品	5	10.10～30.00	20.05	3；1	2.51～17.099
合计				89				

表 6-5 的数据表明，有些产品耗水量大不适宜单独生产，宜延长或加宽产业链，或者执行更加严格的浓度限值。

2. 废气

对于废气许可排放量，《淀粉工业技术规范》主要规定了三方面的内容：

一是对于核算因子，淀粉工业排污单位应明确颗粒物、二氧化硫、氮氧化物的许可排放量。

二是对于年许可排放量的核算方法，淀粉工业排污单位的大气污染物年许可排放量等于主要排放口年许可排放量，即各主要排放口年许可排放量之和，不核算一般排放口和无组织排放的许可排放量，主要排放口为锅炉烟囱，按照燃料设计使用量、基准排气量与相关标准中规定的排放浓度限值确定。

三是对于特殊时段许可排放量的核算方法，按日给出许可排放量，基本思路是用前一年环境统计日均排放量乘以扣除削减比例的允许排放比例。

第三节 可行技术应用及管理

一、废水、废气可行技术要求

课题组通过企业调研、专家建议对淀粉工业废水、废气污染防治可行技术进行编制。根据《淀粉工业水污染物排放标准》中的排放限值要求和《淀粉废水治理工程技术规范》，提出了推荐的废水污染防治可行技术（表 6-6）。结合淀粉工业排污单位有组织排放源，给出了推荐的废气污染防治可行技术（表 6-7）。此外，《淀粉工业技术规范》还给出了废水、废气污染防治设施的运行管理要求。

表 6-6 淀粉工业排污单位废水污染防治可行技术参照

废水类别	污染物种类	排放去向	污染物排放监控位置	可行技术	
				一般排污单位	执行特别排放限值的排污单位
生活污水	pH、SS、BOD_5、COD_{Cr}、NH_3-N、TN、TP	不外排[a]	排污单位废水总排放口	—	
		进入城镇污水集中处理设施	生活污水排放口	—	
		直接排放[b]	生活污水排放口	①预处理：除油、沉淀、过滤 ②二级处理+除磷处理	①预处理：除油、沉淀、过滤 ②二级处理+除磷处理 ③深度处理：生物滤池、过滤、混凝沉淀（或澄清）等
厂内综合污水处理站的综合污水（生产废水、生活污水、初期雨水等）	pH、SS、BOD_5、COD_{Cr}、NH_3-N、TN、TP、总氰化物（以木薯为原料的淀粉生产）	直接排放[b]	排污单位废水总排放口	①预处理：除油、沉淀、过滤 ②二级处理+化学除磷：厌氧（UASB、EGSB、BYIC）+好氧+化学除磷	①预处理：除油、沉淀、过滤 ②二级处理+化学除磷：厌氧（UASB、EGSB、IC 或内循环式高效厌氧反应器）+好氧+化学除磷 ③深度处理：生物滤池、过滤、混凝沉淀（或澄清）等
		间接排放[c]		①预处理：除油、沉淀、过滤等 ②二级处理：厌氧（UASB、EGSB、BYIC）+好氧	①预处理：除油、沉淀、过滤等 ②二级处理+化学除磷：厌氧（UASB、EGSB、BYIC）+好氧+化学除磷等

注：[a] 不外排指废水经处理后循环使用排入厂内综合污水处理站，以及其他不通过排污单位污水排放口的排放方式。

[b] 直接排放指直接进入江、河、湖、库等水环境，直接进入海域、城市下水道（再入江河、湖、库）、城市下水道（再入沿海海域），以及其他直接进入环境水体的排放方式。

[c] 间接排放指进入城镇污水集中处理设施、工业废水集中处理设施，以及其他间接进入环境水体的排放方式。

表 6-7 淀粉工业排污单位废气污染防治可行技术参照

污染源	污染项目	可行技术
原料净化废气	颗粒物	袋式除尘、旋风除尘+袋式除尘
燃硫设备废气	二氧化硫	全自动燃硫设备、二级吸收塔+碱液喷淋、两级吸收塔+真空吸收机、两级吸收塔+过氧化氢喷淋
原料破碎废气	颗粒物	袋式除尘、旋风除尘+袋式除尘
洗涤废气	二氧化硫	碱液喷淋
干燥废气（玉米淀粉副产品干燥除外）	颗粒物	袋式除尘、旋风除尘+袋式除尘
干燥废气（玉米淀粉副产品干燥且废热不利用）	颗粒物、二氧化硫	袋式除尘+碱液喷淋、旋风除尘+水幕除尘+碱液喷淋
冷却废气	颗粒物	袋式除尘、旋风除尘+袋式除尘
筛分废气	颗粒物	袋式除尘、旋风除尘+袋式除尘
变性淀粉生产中预处理和反应的加药废气	氯化氢、非甲烷总烃、颗粒物	碱液喷淋、过氧化氢喷淋
废热利用废气（玉米淀粉副产品干燥废气）	二氧化硫	袋式除尘+碱液喷淋、旋风除尘+水幕除尘+碱液喷淋
执行《锅炉大气污染物排放标准》中表 1 的锅炉废气	颗粒物	电除尘、袋式除尘、湿式除尘
	二氧化硫	石灰石/石灰-石膏等湿法脱硫、喷雾干燥法脱硫、循环流化床法脱硫
	氮氧化物	—
	汞及其化合物	高效除尘脱硫、脱氮、脱汞一体化技术
执行《锅炉大气污染物排放标准》中表 2 的锅炉废气	颗粒物	电除尘技术、袋式除尘技术、陶瓷旋风除尘技术
	二氧化硫	石灰石/石灰-石膏等湿法脱硫技术、喷雾干燥法脱硫技术、循环流化床法脱硫技术
	氮氧化物	低氮燃烧、选择性非催化还原脱硝（SNCR）
	汞及其化合物	高效除尘脱硫、脱氮、脱汞一体化技术
执行《锅炉大气污染物排放标准》中表 3 的锅炉废气	颗粒物	四电场以上电除尘、袋式除尘
	二氧化硫	石灰石/石灰-石膏等湿法脱硫、喷雾干燥法脱硫、循环流化床法脱硫
	氮氧化物	低氮燃烧、选择性催化还原脱硝（SCR）
	汞及其化合物	高效除尘脱硫、脱氮、脱汞一体化技术

《淀粉工业技术规范》所列的污染防治可行技术及运行管理要求可作为生态环境主管部门对排污许可证申请材料审核的参考。为淀粉工业排污单位采用该技术规范所列的污染防治可行技术时，原则上认为该排污单位具备符合规定的防治污染设施或污染物处理能力。

未采用《淀粉工业技术规范》所列污染防治可行技术的排污单位，应当在申请时提供相关证明材料（如已有的监测数据；对于国内外首次采用的污染防治技术，还应提供中试数据等说明材料），以证明可达到与污染防治可行技术相当的处理能力。

对不属于污染防治可行技术的其他技术，排污单位应当加强自行监测、台账记录，评估达标的可行性。待淀粉工业污染防治可行技术指南发布后，从其规定。

二、固体废物运行管理要求

（1）生产车间产生的玉米皮渣、薯皮、薯渣、滤泥、淀粉渣、糖化废渣、母液等应尽可能进行综合利用。

（2）生产车间产生的废活性炭、废树脂、废石棉、厂内实验室固体废物以及其他固体废物，应及时进行安全处理、处置或外运。

（3）应收集综合污水处理站产生的全部污泥，并对其进行安全处理或处置，保持污泥处理或处置设施连续稳定运行，并达到相应的污染物排放或控制标准要求。

（4）加强污泥处理或处置各个环节（收集、储存、调节、脱水及外运等）的运行管理，污泥间地面应采取防腐、防渗漏措施，脱水污泥在厂内采用密闭车辆运输，防止二次污染，对产生的清液、滤液和冲洗水等也要进行处理，达标后排放。

（5）应记录固体废物产生量、去向（处理、处置、综合利用或外运）和不同去向的相应量。

（6）危险废物应按规定严格执行转移联单制度。

第四节 自行监测方案

一、废水排放监测

1. 监测点位

所有排放废水的农副食品加工业排污单位均须在废水总排放口设置监测点位；生活污水单独排入外环境的须在生活污水排放口设置监测点位。

2. 监测指标及监测频次

排污单位废水排放监测点位、监测指标及最低监测频次按照表 6-8 执行。

表 6-8 排污单位废水排放监测点位、监测指标及最低监测频次

排污单位级别	监测点位	监测指标	监测频次		备注
			直接排放	间接排放	
重点排污单位	废水总排放口	流量、pH、COD_{Cr}、NH_3-N	自动监测	自动监测	适用于所有农副食品加工排污单位
		TP	月（自动监测[a]）	月（自动监测[a]）	
		TN	月（日[b]）	月（日[b]）	
		SS、BOD_5	月	季度	
		总氰化物	月	季度	适用于以木薯为原料的淀粉生产排污单位
		动植物油	月	季度	适用于植物油加工、屠宰及肉制品加工、饲料加工、蔬菜加工、水产品加工、豆制品加工等生产过程涉及动植物油排放的排污单位
		大肠菌群数	月	季度	适用于屠宰及肉类加工排污单位

排污单位级别	监测点位	监测指标	监测频次		备注
			直接排放	间接排放	
重点排污单位	废水总排放口	阴离子表面活性剂	月	季度	适用于含有羽绒清洗的屠宰及肉类加工排污单位，以及其他生产过程使用阴离子表面活性剂的排污单位选测
		色度	月	季度	所有农副食品加工排污单位选测
		溶解性总固体（全盐量）	月	季度	淀粉、水产品加工、蔬菜及水果加工等排污单位选测
		粪大肠菌群数	月	季度	甜菜制糖、蛋品加工、屠宰及肉制品加工等生产过程涉及粪大肠菌群排放的排污单位选测
		总余氯	月	季度	生产过程或废水处理过程中使用含氯物质并直接排放环境水体的排污单位选测
	生活污水排放口	流量、pH、COD_{Cr}、NH_3-N	自动监测	—	适用于所有农副食品加工排污单位
		TP	月（自动监测[a]）	—	
		TN	月（日[b]）	—	
		SS、BOD_5、动植物油	月	—	
简化管理单位	废水总排放口	流量、pH、COD_{Cr}、NH_3-N、TN、TP、SS、色度、BOD_5	季度	半年	适用于所有农副食品加工排污单位
		总氰化物、动植物油、大肠菌群数、阴离子表面活性剂	季度	半年	根据行业类型及原料工艺确定监测指标，同重点排污单位
		色度、溶解性总固体（全盐量）、粪大肠菌群数、总余氯	半年	—	根据行业类型及原料工艺确定选测指标，同重点排污单位

排污单位级别	监测点位	监测指标	监测频次		备注
			直接排放	间接排放	
简化管理单位	生活污水排放口	流量、pH、COD_{Cr}、NH_3-N、TN、TP、SS、BOD_5、动植物油	季度	—	适用于所有农副食品加工排污单位
雨水排放口		COD_{Cr}、SS	日[c]		适用于所有农副食品加工排污单位

注：[1] 表中所列指标，设区的市级及以上生态环境主管部门明确要求安装自动监测设备的，须采取自动监测。

[2] 监测结果有超标记录的，应适当增加监测频次。

[a] 对于水环境质量中总磷实施总量控制的区域，总磷须采取自动监测。

[b] 对于水环境质量中总氮实施总量控制的区域，总氮目前最低监测频次按日执行，待自动监测技术规范发布后，须采取自动监测。

[c] 在排放口有流量时开展监测，排放期间按日监测。如监测一年无异常情况可降低监测频次，按季度开展监测。

二、废气排放监测

（一）有组织废气排放监测点位、指标与频次

1. 监测点位

各工序废气通过排气筒等方式排放至外环境的，须在排气筒或排气筒前的废气排放通道设置监测点位。

2. 监测指标与监测频次

各监测点位的监测指标及最低监测频次按照表 6-9 执行。对于多个污染源或生产设备共用一个排气筒的，监测点位可布设在共用排气筒上，监测指标应涵盖所对应的污染源或生产设备的监测指标，最低监测频次从严执行。

表 6-9　有组织废气排放监测点位、监测指标及最低监测频次

<table>
<tr><th colspan="2">监测点位</th><th>监测指标</th><th>监测频次</th><th>备注</th></tr>
<tr><td rowspan="2">颗粒粕系统</td><td>干燥器排气筒或废气处理设施排放口</td><td>颗粒物、二氧化硫、氮氧化物</td><td>周</td><td rowspan="2">适用于以甜菜为原料加工制糖的排污单位</td></tr>
<tr><td>造粒机排气筒或废气处理设施排放口</td><td>颗粒物</td><td>半年</td></tr>
<tr><td colspan="2">原辅料储运、净化、破（粉）碎、脱皮（壳）、烘干、筛分、包装等工序车间排气筒或废气处理设施排放口</td><td>颗粒物</td><td>半年</td><td>适用于谷物磨制、淀粉、豆制品加工、植物油加工、饲料加工、制糖等涉及颗粒物排放的排污单位</td></tr>
<tr><td colspan="2">羽绒清洗工艺分毛设备排气筒或废气处理设施排放口</td><td>颗粒物</td><td>半年</td><td>适用于有羽绒清洗工艺的屠宰及肉制品加工排污单位</td></tr>
<tr><td colspan="2">裹涂、烟熏等设备排气筒或废气处理设施排放口</td><td>颗粒物</td><td>半年</td><td>适用于有裹涂、烟熏等工艺的肉类加工排污单位</td></tr>
<tr><td colspan="2">余热利用系统排气筒或废气处理设施排放口</td><td>二氧化硫</td><td>半年</td><td>适用于建有废气余热利用系统的排污单位，监测指标可根据热源性质进行调整</td></tr>
<tr><td colspan="2">亚硫酸制备燃硫废气、洗涤废气等排气筒或废气处理设施排放口</td><td>二氧化硫</td><td>半年</td><td>适用于淀粉加工等涉及二氧化硫排放的排污单位</td></tr>
<tr><td colspan="2">热风炉、加热炉等排气筒或废气处理设施排放口</td><td>颗粒物、二氧化硫、氮氧化物</td><td>半年</td><td>适用于建有热风炉、加热炉的排污单位</td></tr>
<tr><td colspan="2">加药废气等排气筒或废气处理设施排放口</td><td>氯化氢、非甲烷总烃、颗粒物</td><td>半年</td><td>适用于有变性淀粉加工的排污单位</td></tr>
<tr><td colspan="2">浸出、精炼等车间排气筒或废气处理设施排放口</td><td>非甲烷总烃</td><td>季度</td><td>适用于植物油加工、豆制品加工（低温豆粕）等涉及挥发性有机物排放的排污单位</td></tr>
<tr><td colspan="2">无害化处理设备排气筒或废气处理设施排放口</td><td>非甲烷总烃</td><td>半年</td><td>适用于屠宰及肉制品加工业建有畜禽尸体、不合格原料或产品无害化处理设备的排污单位</td></tr>
<tr><td colspan="2">畜禽油脂提炼设备排气筒或废气处理设施排放口</td><td>油烟</td><td>半年</td><td>适用于有畜禽油脂提炼设备的屠宰及肉制品加工排污单位</td></tr>
<tr><td colspan="2">油炸、煎炒、烧烤等深加工设备排气筒或废气处理设施排放口</td><td>油烟</td><td>半年</td><td>适用于肉类、坚果、水产品加工等涉及油烟排放的排污单位</td></tr>
<tr><td colspan="2">焚烧炉</td><td>颗粒物、二氧化硫、氮氧化物</td><td>半年</td><td>适用于屠宰及肉制品加工业建有畜禽尸体、不合格原料或产品无害化焚烧炉的排污单位</td></tr>
<tr><td colspan="2">腥臭废气收集、冷凝、净化等车间排气筒或废气处理设施排放口</td><td>氨、硫化氢、三甲胺、二甲二硫醚、甲硫醚、甲硫醇</td><td>季度</td><td>适用于水产品加工排污单位</td></tr>
</table>

注：废气监测须按照相应监测分析方法、技术规范同步监测烟气参数。

（二）无组织废气排放监测点位、指标与频次

无组织废气排放监测点位设置、监测指标及最低监测频次按照表 6-10 执行。

表 6-10 无组织废气排放监测点位设置、监测指标及最低监测频次

监测点位	监测指标	监测频次	备注
厂界	臭气浓度[a]	半年	适用于所有农副食品加工排污单位
	颗粒物	半年	适用于谷物磨制、饲料加工、淀粉及淀粉制品制造、豆制品加工、植物油加工等生产过程涉及颗粒物排放的排污单位
	非甲烷总烃	半年	适用于植物油、肉制品、豆制品、淀粉及淀粉制品等加工过程涉及挥发性有机物排放的排污单位
	氨	半年	适用于建有氨制冷系统的排污单位
污水处理设施周边厂界下风向侧或有臭气方位的边界线上	臭气浓度[a]、氨、硫化氢	半年	适用于建有污水收集处理设施的排污单位

注：[1] 若周边有环境敏感点或监测结果超标，应适当增加监测频次。

[2] 无组织废气监测须同步监测气象因子。

[a] 根据环境影响评价文件及其批复和原料工艺等，确定是否监测其他臭气污染物。

1．厂界环境噪声监测

厂界环境噪声监测的点位设置应遵循《排污单位自行监测技术指南》中的原则，主要考虑破碎设备、筛分设备、大型风机、制冷机、水泵等噪声源在厂区内的分布情况和周边环境敏感点的位置。厂界环境噪声每季度至少开展一次昼间噪声监测，夜间生产的排污单位需监测夜间噪声。周边有敏感点的，应提高监测频次。

2. 周边环境质量影响监测

（1）污染物排放标准、环境影响评价文件及其批复［仅限于 2015 年 1 月 1 日（含）以后取得环境影响评价批复的排污单位］或其他环境管理政策有明确要求的，按要求执行。

（2）无明确要求的，若排污单位认为有必要，可对周边地表水、海水、地下水和土壤开展监测。对于废水直接排入地表水、海水的排污单位，可参照《环境影响评价技术导则　地表水环境》（HJ 2.3—2018）、《地表水和污水监测技术规范》（HJ/T 91—2002）、《近岸海域环境监测规范》（HJ 442—2008）及受纳水体环境管理要求，设置监测断面和监测点位；开展地下水、土壤监测的排污单位，可按照《环境影响评价技术导则　地下水环境》、《地下水环境监测技术规范》（HJ/T 164—2019）、《土壤环境监测技术规范》（HJ/T 166—2004）及地下水、土壤环境管理要求设置监测点位。周边环境质量影响监测指标及最低监测频次按照表 6-11 执行。

表 6-11　周边环境质量影响监测指标及最低监测频次

目标环境	监测指标	监测频次
地表水	pH、浊度、高锰酸盐指数、BOD_5、氨氮、总磷、总氮等	季度
海水	pH、高锰酸盐指数、BOD_5、溶解氧、活性磷酸盐、无机氮等	半年
地下水	pH、高锰酸盐指数、氨氮、硝酸盐（氮）、亚硝酸盐（氮）、氰化物等	年
土壤	pH、氮、磷、镉、铅等	年

（三）其他要求

除表 6-8 至表 6-11 中的污染物指标外，下面两条中的污染物指标也应纳入监测指标范围，并参照表 6-8 至表 6-11 和《排污单位自行监测技术指南》确定监测频次：

（1）排污许可证、所执行的污染物排放（控制）标准、环境影响评价文件及其批复［仅限于 2015 年 1 月 1 日（含）以后取得环境影响评价批复的排污单位]、相关环境管理规定等明确要求的污染物指标；

（2）排污单位根据生产过程的原辅用料、生产工艺、中间及最终产品类型、监测结果确定实际排放的在有毒有害污染物名录或优先控制化学品名录中的污染物指标或其他有毒污染物指标。

各指标的监测频次在满足《淀粉工业技术规范》的基础上，可根据《排污单位自行监测技术指南》中监测频次的确定原则提高监测频次。

采样方法、监测分析方法、监测质量保证与质量控制等按照《排污单位自行监测技术指南》的相关要求执行。

监测方案的描述、变更按照《排污单位自行监测技术指南》的规定执行。

第五节　合规性判定方法

本节给出了合规性判定的一般原则，以及产排污环节、污染治理设施及排放口、废水排放、废气排放、管理要求合规的具体判定方法。

合规是指淀粉工业排污单位许可事项和环境管理要求符合排污许可证的规定。许可事项合规是指排污单位的排污口位置和数量、排放方式、排放去向、排放污染物种类、排放限值符合排污许可证的规定。其中，排放限值合规是指淀粉工业排污单位的污染物实际排放浓度和排放量满足许可排放限值的要求。环境管理要求合规是指淀粉工业排污单位按排污许可证的规定落实自行监测、台账记录、执行报告、信息公开等环境管理要求。

淀粉工业排污单位可通过台账记录、按时上报执行报告和开展自行监测、信息公开，自证其依证排污、满足排污许可证的要求。生态环境主管部门可依据排污单位环境管理台账、执行报告、自行监测记录中的内容，判断其污染物排放浓度和排放量是否满足许可排放限值的要求，也可以通过执法监测判断其污染物排放浓度是否满足许可排放限值的要求。

第七章　淀粉工业排污许可证申请与审核要点

排污单位各项申请材料和生态环境部门补充信息应完整、规范。复审时，除应关注是否按照之前的审核意见进行修改外，还需注意是否出现了新问题。例如，《淀粉工业技术规范》“1　适用范围”中规定，“执行《锅炉大气污染物排放标准》（GB 13271）的生产设施或排放口，参照本标准执行，待锅炉排污许可证申请与核发技术规范发布后从其规定。”2018 年 7 月 31 日，生态环境部发布并实施了《排污许可证申请与核发技术规范　锅炉》（HJ 953—2018），因此对于 2018 年 7 月 31 日前已经取得排污许可证的淀粉工业排污单位，若有《锅炉大气污染物排放标准》中规定的生产设施或排放口，则在排污许可证有效期内无须变更，许可证到期换证时再按照《排污许可证申请与核发技术规范　锅炉》对其生产设施和排放口进行管理；对于 2018 年 7 月 31 日前尚未取得排污许可证的排污单位，若有《锅炉大气污染物排放标准》中规定的生产设施或排放口，应统一按照《排污许可证申请与核发技术规范　锅炉》进行管理，申报时选择“热力生产和供应”对该设施和排放口进行排污许可申报。本章不再涵盖锅炉有关的内容。

第一节　申请材料的完整性

1. 排污单位应提交的申请材料

（1）排污许可证申请表；

（2）自行监测方案；

（3）由排污单位法定代表人或者主要负责人签字或者盖章的承诺书；

（4）排污单位有关排污口规范化的情况说明；

（5）建设项目环境影响评价文件审批文号，或者按照有关国家规定经地方人民政府依法处理、整顿规范并符合要求的相关证明材料；

（6）申请前信息公开情况说明表（注意：仅实施排污许可重点管理的排污单位需要提交）；

（7）《排污许可管理办法（试行）》实施后（2018 年 1 月 10 日及之后）的新改扩建建设项目排污单位，存在通过污染物排放等量或者减量替代削减获得重点污染物排放总量控制指标情况的，且出让重点污染物排放总量控制指标的排污单位已经取得排污许可证的，应当提供出让重点污染物排放总量控制指标的排污单位排污许可证完成变更的相关材料；

（8）附图、附件等材料，其中，附图应包括生产工艺流程图和平面布置图；

（9）排污许可证副本。

此外，主要生产设施、主要产品产能等登记事项中涉及商业秘密的，排污单位应当进行标注。

2. 明确不予核发排污许可证的情形

对存在下列情形之一的，负责核发的生态环境部门不予核发排污许可证：

（1）位于法律法规规定的禁止建设区域内。如《中华人民共和国水污染防治法》第 64 条规定“在饮用水水源保护区内，禁止设置排污口”，第 65 条至第 67 条给出了饮用水水源一级、二级和准保护区的相关禁止性规定，但各条规定有所差异，实施中需要注意。

《中华人民共和国水污染防治法》中饮用水水源保护区部分规定（节选）

第六十四条　在饮用水水源保护区内，禁止设置排污口。

第六十五条　禁止在饮用水水源一级保护区内新建、改建、扩建与供水设施和保护水源无关的建设项目；已建成的与供水设施和保护水源无关的建设项目，由县级以上人民政府责令拆除或者关闭。禁止在饮用水水源一级保护区内从事网箱养殖、旅游、游泳、垂钓或者其他可能污染饮用水水体的活动。

第六十六条　禁止在饮用水水源二级保护区内新建、改建、扩建排放污染物的建设项目；已建成的排放污染物的建设项目，由县级以上人民政府责令拆除或者关闭。在饮用水水源二级保护区内从事网箱养殖、旅游等活动的，应当按照规定采取措施，防止污染饮用水水体。

第六十七条　禁止在饮用水水源准保护区内新建、扩建对水体污染严重的建设项目；改建建设项目，不得增加排污量。

（2）属于国务院经济综合宏观调控部门会同国务院有关部门发布的产业政策目录中明令淘汰或者立即淘汰的落后生产工艺装备、落后产品。对于淀粉工业，有两种情形属于淘汰类装备或工艺：一是年处理 10 万 t 以下、总干物收率 97%以下的湿法玉米淀粉生产线；二是淀粉糖酸法生产工艺设备。

（3）法律法规规定的不予许可的其他情形。

第二节　申请材料的规范性

一、申请前的信息公开

（1）实行重点管理的排污单位需要在申请前进行信息公开，实行简化管理的排污单位可不在申请前进行信息公开。重点管理的淀粉工业排污单位是指年加工能力 15 万 t 玉米或者 1.5 万 t 薯类及以上的淀粉生产或者年产能力 1 万 t 及以上的淀粉制品（淀粉糖、变性淀粉以及粉丝、粉条、粉皮、凉粉、凉皮等）生产（含发酵工艺的淀粉制品除外）的排污单位。

（2）申请前进行信息公开的时间应不少于 5 个工作日。

（3）信息公开的内容包括承诺书、基本信息以及拟申请的许可事项，各公开内容的具体含义见《排污许可管理办法（试行）》（环境保护部令　第 48 号）第二章。承诺书样式可从全国排污许可证管理信息平台上下载最新版本，注意不要使用以往的旧版本。

（4）信息公开的方式应选择包括全国排污许可证管理信息平台等在内的便于公众知晓的方式。

（5）信息公开情况说明表应填写完整，包括信息公开的具体起止日期。有法定代表人的排污单位，应由法定代表人签字，且应与排污许可证申请表、承诺书等保持一致。没有法定代表人的排污单位，如个体工商户、私营企业者等，可由主要负责人签字。对于集团公司下属不具备法定代表人资格的独立分公司，也可由主要负责人签字。

（6）排污单位应如实填写信息公开期间收到的意见并逐条答复；没有收到意见的，填写“无”，但不可不填。

二、排污许可证申请表

排污许可证申请表（排污许可申请与核发系统中的表）主要核查排污单位的基本信息，主要生产设施、主要产品及产能信息，主要原辅材料及燃料信息，废气、废水等产排污环节和污染防治设施信息，申请的排放口位置和数量、排放方式、排放去向信息，排放污染物种类和执行的排放标准信息，按照排放口和生产设施申请的污染物许可排放浓度和排放量信息，申请排放量限值计算过程，自行监测及记录信息，环境管理台账记录信息等，以及生产工艺流程图和厂区总平面布置图。

1. 封面

单位名称、注册地址需与统一社会信用代码证中标注的一致。

行业类别选择“淀粉及淀粉制品制造”。

生产经营场所地址应填写排污单位实际地址。

没有组织机构代码的，可不填写。

法定代表人与承诺书、申请前的信息公开情况说明表保持一致。

电子版与纸质版申请表的条形码应保持一致。

2．表 1

分期投运的，投产日期以先期投运时间为准。

填写大气重点控制区域的，应结合生态环境部相关公告文件，核实是否执行特别排放限值，当前的主要公告文件有《关于执行大气污染物特别排放限值的公告》（环境保护部公告　2013 年第 14 号）、《关于执行大气污染物特别排放限值有关问题的复函》（环办大气函〔2016〕1087 号）、《关于京津冀大气污染传输通道城市执行大气污染物特别排放限值的公告》（环境保护部公告　2018 年第 9 号）。

填写总磷、总氮总量控制区的，应结合《"十三五"生态环境保护规划》及生态环境部正式发布的相关文件核实是否填报正确，目前主要是《"十三五"生态环境保护规划》中规定的总磷、总氮总量控制区。应如实填写是否位于工业园区及工业园区的名称。

原则上，排污单位应具备环评批复或者地方政府对违规项目的认定或备案文件，如两者全无应核实排污单位具体情况，填写申请书中"九、改正规定"。对于法律法规要求开展建设项目环境影响评价（1998 年 11 月 29 日《建设项目环境保护管理条例》国务院令　第 253 号）之前已经建成且之后未实施改、扩建的排污单位，可不要求。

总量控制指标包括地方政府或生态环境主管部门发文确定的排污单位总量控制指标、环境影响评价文件批复中确定的总量控制指标、现有排污许可证中载明的总量控制指标、通过排污权有偿使用和交易确定的总量控制指标等地方政府或生态环境主管部门与排污许可证申领排污单位以一定形式确认的总量控制指标。污染物总量控制要求应具体到污染物类型及其指标，并注意相应单位，同时应与后续许可量计算过程及许可量申请数据进行对比，按技术规范确定许可量。

主要污染控制因子指应控制许可排放量限值的污染因子。系统默认的

水污染控制因子为 COD_{Cr} 和氨氮，不用再做选择；对于位于总磷或总氮总量控制区的重点管理排污单位，应选择总磷或总氮作为污染控制因子。此外，对于受纳环境水体年均值超标且列入《淀粉工业水污染物排放标准》的污染控制因子，根据具有核发权的地方生态环境主管部门的要求确定是否需要规定许可排放量限值，如需要则此处也需要选择列入。系统默认的大气污染控制因子为颗粒物、二氧化硫、氮氧化物和 VOCs，不用再做选择。

3．表 2、表 2-1

生产线类型、主要生产单元、生产工艺及生产设施按《淀粉工业技术规范》填报。其中，生产线可以参照该技术规范中“表 1”的第一列填写，排污单位应根据自身情况全面申报。有多个相同或相似生产线的，应分别编号，如葡萄糖 1、葡萄糖 2 等。多个相同型号的生产设施应分行填报并分别编号，不应采取备注数量的方式。生产多种产品的同一生产设施只填报一次，在“其他信息”中注明产品情况。实行简化管理的排污单位，可仅填报该技术规范“表 1”中标有“*”且排污单位自身具有的生产设施。

生产能力指的是主要产品产能，不包括国家或地方政府予以淘汰或取缔的产能，计量单位为 t（最终产品，以商品计）/a。

4．表 3

原辅料应按《淀粉工业技术规范》填写完整，辅料应包含污水处理投加药剂。简化管理单位的辅料可仅填报硫黄（如有使用）。

除锅炉以外的设施（如活性炭再生炉，排放执行《工业炉窑大气污染物排放标准》）用到的燃料信息应如实填报相关各项信息，无相关成分的（如有毒有害成分），填“—”。

5．表 4

有组织排放的产排污环节必须填写，并应按《淀粉工业技术规范》填写完整。无组织排放可填可不填，申报材料中的表 9-1 为所有无组织排放的统一必填表。若在《淀粉工业技术规范》中被列为无组织排放，但排污单位实际已将无组织变成有组织收集并处理的，应按照有组织排放进行填报，相应的无组织排放环节无须再填报，如厂内污水综合处理站的恶臭污染物经收集处理后进行有组织排放。

污染物种类应按《淀粉工业技术规范》准确填写，不得漏填。

有组织排放应填报污染治理设施相关信息，包括编号、名称和工艺，并与该技术规范中的“表 8”进行对比，判断是否为可行技术。对于未采用该技术规范中推荐的最佳可行技术的，应填写“否”。新改扩建建设项目排污单位采用环境影响评价审批意见要求的污染治理技术的，应在“污染治理设施其他信息”中注明“环评审批要求技术”。既未采用可行技术，新改扩建建设项目也未采用环评审批要求的技术的，应提供相关证明材料（如已有的监测数据，对于国内外首次采用的污染治理技术还应提供中试数据等说明材料）证明可达到与污染防治可行技术相当的处理能力。确无污染治理设施的，相关信息填“—”。采用的污染治理设施或措施不能达到许可排放浓度要求的排污单位，应在“其他信息”中备注“待改”，并填写“九、改正规定”。因锅炉已单独填报，本章所列所有有组织排放口均为一般排放口。

填报无组织排放的，污染治理设施编号、名称、工艺及是否为可行技术均填“—”，在污染治理设施其他信息一列填写排污单位采取的无组织污染防治措施，并应与表 9-1 中填报的无组织排放内容保持一致。《淀粉工业技术规范》中列为有组织排放，而排污单位仍为无组织排放的，申报时按无组织排放填写，在“其他信息”中注明“待改”，并填写“九、改正规定”，除在一定期限内将无组织排放改为有组织排放外，涉及补充或变更环评的也应体现在“九、改正规定”中。

6. 表 5

表 5 主要分列了生活污水和综合污水（生产污水、生活污水、冷却污水等）两类。没有生活污水单独排放情形的，不用单独填报。综合污水排放口和生活污水直接排放口为主要排放口，其他排放口均为一般排放口。

注意合理区分排放去向和排放方式。间接排放时，排放口按出排污单位厂界的排放口进行填报，而不是下游污水集中处理设施的排放口。当污水排放去向为土地利用时，应当与环评批复中一致，此时排放去向填写“其他”，排放方式填写“无”，排放口类型填写“—”，污染物种类按照执行的国家或地方标准规定填报，并在“其他信息”中填写执行的国家或地方标准；如与环评批复不一致，应在“其他信息”中注明，并根据具体情况填写“九、改正规定”，如改为按环评批复执行或者变更环评。

应填报污染治理设施相关信息，包括编号、名称和工艺，并与《淀粉工业技术规范》中的“表 7”进行对比，判断是否为可行技术。对于未采用该技术规范中推荐的可行技术的，应填写“否”。新改扩建建设项目排污单位采用环境影响评价审批意见要求的污染治理技术的，应在“污染治理设施其他信息”中注明“环评审批要求技术”。既未采用可行技术，新改扩建建设项目也未采用环评审批要求的技术的，应提供相关证明材料（如已有的监测数据，对于国内外首次采用的污染治理技术还应当提供中试数据等说明材料）证明可达到与污染防治可行技术相当的处理能力。确无污染治理设施的，相关信息填“—”。采用的污染治理设施或措施不能达到许可排放浓度要求的排污单位，应在“其他信息”中备注“待改”，并填写“九、改正规定”。

7．表6

注意排放口编号、名称以及排放污染物信息与表 4 保持一致。排气筒高度应满足该排放口执行排放标准中的相关要求。

8．表7

执行国家污染物排放标准的，标准名称及污染因子种类等应符合《淀粉工业技术规范》中“表 3”的要求。注意执行的排放标准中有排放速率要求的，不要漏填。地方有更严格排放标准的，应填报地方标准。

若排放标准规定不同时间段执行不同的排放控制要求，且其中两个及以上的时间段与排污单位本次持证的有效期（3 年）有关，填报时排放浓度限值或速率限值应填全，具体情况可以在“其他信息”中说明。

环评批复要求和承诺有更加严格的排放限值的，应以数值+单位的形式填报，不应填报文字。

9．表8

执行《锅炉大气污染物排放标准》的，锅炉废气排放口信息按《排污许可证申请与核发技术规范 锅炉》的要求填写。

其他有组织废气排放口均为一般排放口，排放口编号、名称和污染物种类应与表 4、表 7 保持一致，许可排放浓度限值或排放速率应按《淀粉工业技术规范》确定，无须申请许可排放量。

10. 表9及表9-1

应按《淀粉工业技术规范》要求填报无组织排放的编号、产污环节和污染物种类、主要污染防治措施、执行排放标准等信息。无组织排放编号指产生无组织排放的生产设施编号，应与表2-1和表4（如填写无组织排放）保持一致。在“其他信息”一列，可填写排放标准浓度限值对应的监测点位，如“厂界”。无组织排放无须申请许可排放量，填“—”。

表9-1为必填表，应按照《淀粉工业技术规范》的要求填报排污单位所有无组织排放环节和无组织管控现状（表9中填报的无组织防治措施），以判断无组织管控现状是否满足《淀粉工业技术规范》中提出的无组织排放控制要求。

11. 表11

如排污单位污水为直接排放，则填写此表。排放口编号、名称及排放去向、排放规律等信息应与表5保持一致。

应填写各排放口对应的入河排污口名称、编号以及批复文号等相关信息。

应填报雨水排放口相关信息，按《淀粉工业技术规范》要求填报雨水排放口编号和名称，排放口的经度、纬度，排水去向，排放规律，受纳自然水体及汇入受纳自然水体所处的地理坐标等信息。

12. 表12

如排污单位污水为间接排放，则填写此表。排放口编号、名称及排放去向、排放规律等信息应与表5保持一致。需准确填报受纳污水处理厂相关信息，包括名称、污染物种类和执行排放标准中的浓度限值。注意填报的是受纳污水处理厂的排放控制污染物种类和浓度限值，不是排污单位的排放控制要求。

13. 表13

执行国家水污染物排放标准的，标准名称及污染因子种类等应符合《淀粉工业技术规范》中“表2”的要求。地方有更严格的排放标准的，应填报地方标准。

若排放标准规定不同时间段执行不同的排放控制要求，且其中两个及以上的时间段与排污单位本次持证的有效期（3年）有关，填报时排放浓度限值应填全，具体情况可以在“其他信息”中说明。

执行国家水污染物排放标准的排污单位，无论是直接排放还是间接排放，均应按《淀粉工业水污染物排放标准》中的相关排放控制要求填报污染物浓度限值。

雨水排放口的污染物种类填写 COD_{Cr} 和悬浮物，但无须填报执行标准名称和浓度限值信息，填“—”。地方有更严格的控制要求的，按地方要求执行。

14．表 14

排放口名称、编号和污染物种类应与表 5 保持一致。主要排放口和一般排放口的区分应与表 5 中“排放口类型”保持一致。

应审查水污染物排放浓度限值是否准确：①对于淀粉工业排污单位废水直接或间接排向环境水体的情况，应依据《淀粉工业水污染物排放标准》中的直接排放限值或间接排放限值确定水污染物许可排放浓度，地方有更严格的排放标准要求的，按照地方排放标准从严确定；②在淀粉工业排污单位的生产设施同时生产两种或两种以上类别的产品、可适用不同排放控制要求或不同行业污染物排放标准时（如淀粉、淀粉糖、变性淀粉和淀粉制品的生产废水执行《淀粉工业水污染物排放标准》，由葡萄糖生产葡萄糖酸盐废水执行《污水综合排放标准》），且在生产设施产生的污水混合排放的情况下，应执行排放标准中规定的最严格的浓度限值；③若排放标准规定不同时间段执行不同的排放控制要求，且其中两个及以上的时间段与排污单位本次持证的有效期（3 年）有关，填报时许可排放浓度限值应填全，具体情况可以在“其他信息”中说明。

应有详细的水污染物许可排放量限值计算过程的说明，并审查其合理性：①重点管理单位主要排放口应申请许可排放量，重点管理单位一般排放口和简化管理单位无须申请许可排放量；②须申请许可排放量的，应合理确定许可排放量的污染因子，COD_{Cr} 和氨氮为必须申请的污染因子，位于总氮或总磷总量控制区的，污染因子应包括总氮或总磷，根据地方要求明确受纳水体环境质量年均值超标且列入《淀粉工业水污染物排放标准》的因子是否许可排放量限值；③许可排放量计算过程应符合《淀粉工业技术规范》要求，参数选取依据充分，取严过程清晰合理，应用方法一进行计算时前段、后段和全链生产的基准排水量均为《淀粉工业水污染物排放标准》中的限值，注意全链生产对应的基准排水量不是前段与后段之和，应用方法二计算时仅考虑排污单位的各最终产品，不计中间产品和副产品，如作为排污单位下游生产原料的淀粉（乳）不考虑，同时方法二中 P 值（单位产品污染物排放量限值）仅指《淀粉工业技术规范》中给出的值，与地方标准无关；④若排放标准规定不同时间段执行不同的排放控制要求，且其中两个及以上的时间段与排污单位本次持证的有效期（3 年）有关，许可排放量限值应分年度计算。

注意，单独排向城镇污水集中处理设施的生活污水排放口不许可排放浓度限值，也不许可排放量限值。

雨水排放口不许可排放浓度限值，也不许可排放量限值。地方有更严格管理要求的，按地方要求执行。

15．表 15

噪声排放信息表可不填写。地方有相关环境管理要求的，按地方要求执行。

16．表 16

可填报各类固体废物（生活垃圾除外）的相关信息。固体废物类别分为一般废物和危险废物。固体废物处理方式分为储存、处置和综合利用。固体废物产生量与各种固体废物处理量（储存量、处置量、综合利用量之和）的差值即为排放量，应填报“0”。综合利用或处置时，在“备注”中说明具体综合利用或处置方式，如用作生产饲料或委托有危险废物处理资质的单位进行焚烧处理等。

17．表 17

污染源类别填写废水或废气。

排放口编号、名称和监测的污染物种类应与表 8 和表 9（废气）、表 14（废水）保持一致，无组织排放的排放口编号填写“厂界”。

监测内容并非填写污染物项目：废水填写“流量”；废气中的有组织排放监测应填写相关烟气参数，包括烟气量、烟气流速、烟气温度、烟气压力、含氧量等，根据所执行的排放标准要求填写，无组织排放监测应填写相关气象因子，包括风向、风速等，根据《大气污染物无组织排放监测技术导则》（HJ/T 55—2000）和所执行的排放标准中的要求填写。

废气、废水监测频次不得低于《淀粉工业技术规范》的要求。开展自动监测的，应填报自动监测设备出现故障时的手工监测相关信息，并在其他信息中填写“自动监测设备出现故障时开展手工监测”。手工监测方法应优先选用所执行的排放标准中规定的方法。

雨水排放口应按《淀粉工业技术规范》要求进行监测：①重点管理单位应进行雨水排放口监测，简化管理单位不用监测；②所监测的污染物项目包括 COD_{Cr} 和悬浮物；③监测频次填写“排放口有流动水排放时开展监测，排放期间按日监测。如监测一年无异常情况，每季度第一次有流动水排放时开展按日监测”。

监测质量保证与质量控制要求应符合《排污单位自行监测技术指南》《固定污染源监测质量保证与质量控制技术规范（试行）》中的相关规定，并建立质量体系，包括监测机构、人员、仪器设备、监测活动质量控制与质量保证等，使用标准物质、空白试验、平行样测定、加标回收率测定等质控方法。委托第三方检（监）测机构开展自行监测的，不用建立监测质量体系，但应对其资质进行确认。

监测数据记录、整理和存档要求应符合《淀粉工业技术规范》和《排污单位自行监测技术指南》的相关规定。

18. 表 18

应按照《淀粉工业技术规范》要求填报环境管理台账记录内容，不要有漏项，如缺少生产设施运行管理信息、无组织废气污染防治措施管理维护信息等。

记录频次应符合技术规范要求，不能随意放宽。

记录形式应按照电子台账和纸质台账同时记录，台账记录至少保存 3 年。

注意区分重点管理与简化管理单位的差异。

19. 增加规定

有核发权的地方生态环境主管部门增加的管理内容按地方生态环境主管部门的要求填写。

20．改正规定

对于改正问题，如现状为无组织排放的改为有组织排放，尚未进行自动监测的改为自动监测，现有污染治理设施不能达标的提升改造为可达标设施等。其改正措施和时限要求要明确，并与前面填写的内容保持一致。

21．附图

工艺流程图与总平面布置图要清晰可见、图例明确，且不存在上下左右颠倒的情况。

工艺流程图应包括主要生产设施（设备）、主要原燃料的流向、生产工艺流程等内容。

平面布置图应包括主体设施、公辅设施、全厂污水处理站等内容，同时注明厂区雨、污水排放口的位置。

22．附件

应提供承诺书、申请前信息公开情况说明表及其他必要的说明材料，如未采用可行技术但具备达标排放能力的说明材料等；许可排放量计算过程应详细、准确，计算方法及参数选取符合规范要求；应体现与总量控制要求取严的过程，2015 年 1 月 1 日及之后通过环评批复的还要依据批复要求进一步取严。

三、 排污许可证副本

（1）除申请书中的相应内容外，还应按《淀粉工业技术规范》要求填写执行（守法）报告、信息公开、其他控制及管理要求等。

（2）执行报告内容和频次应符合《淀粉工业技术规范》的要求。重点管理单位应包括年度、季度执行报告，简化管理单位仅需提交年度执行报告，且报告内容由重点管理单位的 11 项简化为 6 项。

（3）应按照《企业事业单位环境信息公开办法》《排污许可管理办法（试行）》等管理要求填报信息公开的方式、时间、内容等信息。

（4）生态环境部门可将国家和地方对排污单位的废水、废气和固体废物的环境管理要求，以及法律法规、技术规范中明确的污染防治措施的运行维护管理要求等写入“其他控制及管理要求”中。

附　录

排污许可证申请与核发技术规范
农副食品加工工业——淀粉工业

（HJ 860.2—2018）

1　适用范围

本标准规定了淀粉工业排污许可证申请与核发的基本情况填报要求、许可排放限值确定、实际排放量核算和合规判定的方法，以及自行监测、环境管理台账与排污许可证执行报告等环境管理要求，提出了淀粉工业污染防治可行技术要求。

本标准适用于指导淀粉工业排污单位填报排污许可证申请表及在全国排污许可证管理信息平台填报相关申请信息，同时适用于指导核发机关审核确定淀粉工业排污单位排污许可证许可要求。

本标准适用于淀粉工业排污单位排放的大气污染物和水污染物的排污许可管理。淀粉工业排污单位含有的胚芽、纤维、蛋白粉、谷朊粉以及葡萄糖酸盐等生产也适用于本标准。由胚芽制玉米油、糖醇的生产不适用于本标准。

淀粉工业排污单位中，执行《火电厂大气污染物排放标准》（GB 13223）的生产设施或排放口，适用《火电行业排污许可证申请与核发技术规范》；执行《锅炉大气污染物排放标准》（GB 13271）的生产设施或排放口，参照本标准执行，待锅炉排污许可证申请与核发技术规范发布后从其规定。

本标准未作规定但排放工业废水、废气或国家规定的有毒有害污染物的淀粉工业排污单位其他产污设施和排放口，参照《排污许可证申请与核发技术规范 总则》（HJ 942）执行。

2 规范性引用文件

本标准内容引用了下列文件或者其中的条款。凡是不注日期的引用文件，其有效版本适用于本标准。

GB 8978 污水综合排放标准
GB 9078 工业炉窑大气污染物排放标准
GB 13223 火电厂大气污染物排放标准
GB 13271 锅炉大气污染物排放标准
GB 14554 恶臭污染物排放标准
GB/T 16157 固定污染源排气中颗粒物测定与气态污染物采样方法
GB 16297 大气污染物综合排放标准
GB 25461 淀粉工业水污染物排放标准
HJ/T 55 大气污染物无组织排放监测技术导则
HJ 75 固定污染源烟气（SO_2、NO_x、颗粒物）排放连续监测技术规范
HJ 76 固定污染源烟气（SO_2、NO_x、颗粒物）排放连续监测系统技术要求及检测方法
HJ/T 91 地表水和污水监测技术规范
HJ/T 353 水污染源在线监测系统安装技术规范（试行）
HJ/T 354 水污染源在线监测系统验收技术规范（试行）
HJ/T 355 水污染源在线监测系统运行与考核技术规范（试行）
HJ/T 356 水污染源在线监测系统数据有效性判别技术规范（试行）
HJ/T 373 固定污染源监测质量保证与质量控制技术规范（试行）
HJ/T 397 固定源废气监测技术规范
HJ 494 水质采样技术指导
HJ 495 水质采样方案设计技术规定
HJ 608 排污单位编码规则
HJ 819 排污单位自行监测技术指南 总则
HJ 820 排污单位自行监测技术指南 火力发电及锅炉

HJ 942　　排污许可证申请与核发技术规范　总则

HJ 944　　排污单位环境管理台账及排污许可证执行报告技术规范　总则（试行）

HJ 986　　排污单位自行监测技术指南　农副食品加工业

《固定污染源排污许可分类管理名录》

《排污口规范化整治技术要求（试行）》（国家环境保护局 环监〔1996〕470 号）

《污染源自动监控设施运行管理办法》（环发〔2008〕6 号）

《关于执行大气污染物特别排放限值的公告》（环境保护部公告　2013 年第 14 号）

《关于执行大气污染物特别排放限值有关问题的复函》（环办大气函〔2016〕1087 号）

《关于加强京津冀高架源污染物自动监控有关问题的通知》（环办环监函〔2016〕1488 号）

《“十三五”生态环境保护规划》（国发〔2016〕65 号）

《排污许可管理办法（试行）》（环境保护部令　第 48 号）

《关于发布计算污染物排放量的排污系数和物料衡算方法的公告》（环境保护部公告　2017 年第 81 号）

《关于京津冀大气污染传输通道城市执行大气污染物特别排放限值的公告》（环境保护部公告 2018 年第 9 号）

《关于加强固定污染源氮磷污染防治的通知》（环水体〔2018〕16 号）

3　术语和定义

下列术语和定义适用于本标准。

3.1　**淀粉工业排污单位**　pollutant emission unit of starch and starch product manufacturing industry

指具有以谷类、薯类和豆类等含淀粉的农产品为原料生产淀粉（乳），或以淀粉（乳）为原料生产淀粉糖（糖醇除外）、变性淀粉、淀粉制品（粉丝、粉条、粉皮、凉粉、凉皮等）等生产行为的排污单位。

3.2 **许可排放限值** permitted emission limits

指排污许可证中规定的允许排污单位排放的污染物最大排放浓度和排放量。

3.3 **特殊时段** special periods

指根据地方人民政府依法制定的环境质量限期达标规划或其他相关环境管理文件，对排污单位的污染物排放情况有特殊要求的时段，包括重污染天气应对期间和冬防期间等。

3.4 **生产期** production period

指淀粉工业排污单位每个生产季自启动淀粉、淀粉糖、变性淀粉、淀粉制品生产开始至结束的时间段，按日计。

4 排污单位基本情况申报要求

4.1 基本原则

淀粉工业排污单位应当按照排污实际情况进行填报，对提交申请材料的真实性、合法性和完整性负法律责任。

淀粉工业排污单位应按照本标准要求，在全国排污许可证管理信息平台申报系统填报排污许可证申请表中的相应信息表。

设区的市级以上地方环境保护主管部门可以根据环境保护地方性法规，增加需要在排污许可证中载明的内容，并填入全国排污许可证管理信息平台系统中“有核发权的地方环境保护主管部门增加的管理内容”一栏。

4.2 排污单位基本信息

淀粉工业排污单位基本信息应填报单位名称、是否需整改、排污许可证管理类别、邮政编码、行业类别（填报时选择“农副食品加工业—其他农副食品加工业—淀粉工业”）、是否投产、投产日期、生产经营场所中心经纬度、所在地是否属于环境敏感区（如大气重点控制区域、总磷、总氮控制区等）、所属工业园区名称、建设项目环境影响评价文件批复文号（备案编号）、地方政府对违规项目的认定或备案文件文号、主要污染物总量分配计划文件文号、颗粒物总量指标（t/a）、二氧化硫总量指标（t/a）、氮氧化物总量指标（t/a）、化学需氧量总量指标（t/a）、氨氮总量指标（t/a）、涉及的其他污染物总量指标等。

4.3 主要产品及产能

4.3.1 一般原则

应填报主要生产单元名称、主要工艺名称、生产设施名称、生产设施编号、设施参数、产品名称、生产能力、计量单位、设计年生产时间及其他。以下“4.3.2～4.3.6”为必填项，“4.3.7”为选填项。

4.3.2 主要生产单元、主要工艺及生产设施名称

淀粉工业排污单位主要生产单元、主要工艺及生产设施名称填报内容见表 1。淀粉工业其他生产可参照表 1 填报。排污单位需要填报表 1 以外的生产单元、生产工艺及生产设施，可在申报系统选择“其他”项进行填报。

表 1 淀粉工业排污单位主要生产单元、主要工艺及生产设施名称一览表

<table>
<tr><th colspan="3">主要生产单元</th><th>主要工艺</th><th>生产设施</th><th>设施参数及单位</th></tr>
<tr><td colspan="3" rowspan="4">原料系统</td><td rowspan="4">机械化原料场、非机械化原料场</td><td>装卸料设施*</td><td>装卸量（t/h）</td></tr>
<tr><td>粮库（仓）*</td><td>贮存量（t）</td></tr>
<tr><td>料场*</td><td>料场面积（m^2）</td></tr>
<tr><td>输运设施*</td><td>输运量（t/h）</td></tr>
<tr><td rowspan="15">淀粉生产</td><td colspan="5">以下为不同原料生产淀粉的中间过程，排污单位根据生产特点选择填报。</td></tr>
<tr><td rowspan="14">玉米淀粉乳及副产品生产</td><td rowspan="3">净化</td><td rowspan="3">玉米净化</td><td>清理筛*</td><td>清理量（t/h）</td></tr>
<tr><td>吸风机</td><td>风量（m^3/h）</td></tr>
<tr><td>引风机</td><td>风量（m^3/h）</td></tr>
<tr><td rowspan="11">浸泡脱胚（胚芽分离）</td><td rowspan="5">玉米浸泡</td><td>燃硫设备*</td><td>硫黄燃烧量（kg/h）</td></tr>
<tr><td>吸收塔*</td><td>亚硫酸溶液中亚硫酸质量含量（%）</td></tr>
<tr><td>亚硫酸贮罐</td><td>亚硫酸贮罐容积（m^3）</td></tr>
<tr><td>浸泡装置*</td><td>浸泡装置容积（m^3）</td></tr>
<tr><td>玉米浆蒸发器*</td><td>蒸发量（t/h）</td></tr>
<tr><td rowspan="2">胚芽分离</td><td>玉米破碎机*</td><td>处理量（t/h）</td></tr>
<tr><td>胚芽旋流器*</td><td>处理量（t/h）</td></tr>
<tr><td rowspan="4">胚芽加工</td><td>胚芽洗涤装置*</td><td>处理量（t/h）</td></tr>
<tr><td>胚芽挤压脱水机*</td><td>处理量（t/h）、湿料水分（%）</td></tr>
<tr><td>干燥机或烘干机及风送系统*</td><td>处理量（t/h）</td></tr>
<tr><td>胚芽包装线*</td><td>处理量（包/h）</td></tr>
</table>

主要生产单元			主要工艺	生产设施	设施参数及单位
淀粉生产	玉米淀粉乳及副产品生产	纤维分离与加工	纤维分离	精磨（针磨）*	处理量（t/h）
				压力筛（取浆筛）	处理量（m^3/h）
			纤维加工	纤维洗涤装置*	处理量（t/h）
				挤压脱水机*	处理量（t/h） 湿料中水分的质量占比（%）
				玉米皮干燥机*	处理量（t/h）
				玉米浆混合机	处理量（t/h）
				喷浆玉米皮干燥机或烘干机及风送系统*	处理量（t/h）
				喷浆玉米皮粉碎机*	处理量（t/h）
				喷浆玉米皮包装线*	处理量（包/h）
		蛋白分离与加工	麸质分离	除砂器	处理量（m^3/h）
				过滤器	处理量（m^3/h）
				预浓缩分离机*	处理量（m^3/h）
				澄清分离机*	处理量（m^3/h）
				分离机*	处理量（m^3/h）
			麸质（蛋白粉）生产	麸质浓缩分离机*	处理量（m^3/h）
				麸质脱水机（压滤机或折带吸滤机）*	处理量（t/h）
				麸质干燥机或烘干机及风送系统*	处理量（t/h）
				麸质包装线*	处理量（包/h）
	小麦淀粉乳及副产品生产	投面	投面	积粉仓*	容积（m^3）
				输运设施*	输送量（t/h）
				筒仓*	容积（m^3）
		和面	和面	筛分机*	清理量（t/h）
				输运设施*	输送量（t/h）
				和面机*	处理量（t/h）
				均质机	处理量（t/h）
				熟化罐	容积（m^3）
		面筋蛋白分离与加工	离心分离、水洗分离	分离机	处理量（m^3/h）
				筛分机	处理量（m^3/h）
			谷朊粉生产	谷朊粉洗涤机*	处理量（t/h）
				谷朊粉挤干机*	处理量（t/h）
				谷朊粉干燥机或烘干机及风送系统*	处理量（t/h）
				谷朊粉成品筛*	处理量（t/h）
				谷朊粉包装线*	处理量（t/h）

主要生产单元			主要工艺	生产设施	设施参数及单位
淀粉生产	大米淀粉乳及副产品生产	浸渍	浸渍、洗涤	浸渍槽	容积（m^3）
		磨浆	磨浆	磨浆装置（磨或粉碎机）*	处理量（t/h）
		蛋白质分离与加工	沉淀或离心	沉淀装置	处理量（t/h）
				离心机	处理量（t/h）
			蛋白质加工	洗涤机*	处理量（t/h）
				中和机	处理量（t/h）
				脱水机*	处理量（t/h）
				离心机	处理量（t/h）
				干燥机或烘干机及风送系统*	处理量（t/h）
				成品筛*	处理量（t/h）
				包装线*	处理量（t/h）
	薯类（马铃薯、木薯、甘薯）淀粉乳及副产品生产	净化及预处理	流送清洗	流送槽	输送量（m^3/h）
				提升机	输送量（m^3/h）
				去石和除草机	处理量（t/h）、去除效率（%）
				清洗机*	处理量（t/h）
				贮料斗	贮料容积（m^3）
			浸泡（甘薯）	浸泡槽	容积（m^3）、石灰水pH值、浸泡时间（h）、温度（℃）
				酸碱处理槽	容积（m^3）
			去皮（木薯）	去皮机	处理量（t/h）
		破碎	锉磨破碎	喂料机	处理量（t/h）
				锉磨机或磨浆机	处理量（t/h）
		薯浆分离	薯浆分离	分离机*	处理量（t/h）
			纤维加工	脱水机*	处理量（t/h）
				干燥机或烘干机及风送系统*	处理量（t/h）
				薯渣粉碎机*	处理量（t/h）
				包装线*	处理量（包/h）

主要生产单元			主要工艺	生产设施	设施参数及单位
淀粉生产		蛋白质分离与加工	蛋白质分离	分离机	处理量（t/h）
淀粉生产		蛋白质分离与加工	蛋白质加工	洗涤机*	处理量（t/h）
淀粉生产		蛋白质分离与加工	蛋白质加工	中和机	处理量（t/h）
淀粉生产		蛋白质分离与加工	蛋白质加工	脱水机*	处理量（t/h）
淀粉生产		蛋白质分离与加工	蛋白质加工	离心机	处理量（t/h）
淀粉生产		蛋白质分离与加工	蛋白质加工	干燥机或烘干机及风送系统*	处理量（t/h）
淀粉生产		蛋白质分离与加工	蛋白质加工	成品筛*	处理量（t/h）
淀粉生产		蛋白质分离与加工	蛋白质加工	包装线*	处理量（t/h）
淀粉生产	豆类淀粉乳及副产品生产	清洗浸泡	选料、输送、清洗、除杂、浸泡	送料翻斗*	输送量（t/h）
淀粉生产	豆类淀粉乳及副产品生产	清洗浸泡	选料、输送、清洗、除杂、浸泡	风力输送系统	输送量（t/h）
淀粉生产	豆类淀粉乳及副产品生产	清洗浸泡	选料、输送、清洗、除杂、浸泡	清洗除杂装置*	处理量（t/h）
淀粉生产	豆类淀粉乳及副产品生产	清洗浸泡	选料、输送、清洗、除杂、浸泡	浸泡装置	处理量（t/h）
淀粉生产	豆类淀粉乳及副产品生产	破碎	磨碎、除砂	磨碎装置（石磨或砂轮磨）	处理量（t/h）
淀粉生产	豆类淀粉乳及副产品生产	破碎	磨碎、除砂	除砂器	处理量（t/h）
淀粉生产	豆类淀粉乳及副产品生产	去皮渣	过滤、水洗	筛子（机动平筛）	筛孔尺寸（目）
淀粉生产	豆类淀粉乳及副产品生产	去皮渣	过滤、水洗	喷水装置*	喷水量（m^3/h）
淀粉生产	豆类淀粉乳及副产品生产	蛋白质分离与加工	沉淀分离、水洗	沉淀装置	处理量（t/h）
淀粉生产	豆类淀粉乳及副产品生产	蛋白质分离与加工	沉淀分离、水洗	喷水装置*	喷水量（m^3/h）
淀粉生产	豆类淀粉乳及副产品生产	蛋白质分离与加工	蛋白质加工	洗涤机*	处理量（t/h）
淀粉生产	豆类淀粉乳及副产品生产	蛋白质分离与加工	蛋白质加工	中和机	处理量（t/h）
淀粉生产	豆类淀粉乳及副产品生产	蛋白质分离与加工	蛋白质加工	脱水机*	处理量（t/h）
淀粉生产	豆类淀粉乳及副产品生产	蛋白质分离与加工	蛋白质加工	离心机	处理量（t/h）
淀粉生产	豆类淀粉乳及副产品生产	蛋白质分离与加工	蛋白质加工	干燥机或烘干机及风送系统*	处理量（t/h）
淀粉生产	豆类淀粉乳及副产品生产	蛋白质分离与加工	蛋白质加工	成品筛*	处理量（t/h）
淀粉生产	豆类淀粉乳及副产品生产	蛋白质分离与加工	蛋白质加工	包装线*	处理量（t/h）
淀粉生产	葛根粉、藕粉生产	清洗	清洗、除杂	清洗除杂机*	处理量（t/h）
淀粉生产	葛根粉、藕粉生产	破碎	粉碎、除砂	粉碎机	处理量（t/h）
淀粉生产	葛根粉、藕粉生产	破碎	粉碎、除砂	除砂器	处理量（t/h）

主要生产单元			主要工艺	生产设施	设施参数及单位
淀粉生产	成品淀粉生产	脱色	除砂、脱色	除砂器或精炼器	除砂效率（%）
		洗涤	洗涤	洗涤机*	处理量（t/h）
		浓缩	浓缩（脱水）	脱水机（离心机、吊带布等）*	处理量（t/h）
		干燥	干燥	干燥机或烘干机及风送系统*	干燥能力（t/h）
		筛分	筛分	成品筛*	处理量（t/h）
		包装	包装	包装线*	处理量（包/h）
淀粉糖生产	葡萄（果）糖（浆）及麦芽糖浆	调浆液化	调浆、液化	投料机*	处理量（t/d）
				贮料罐	容积（m^3）
				调浆罐*	容积（m^3）
				喷射液化器	处理量（m^3/h）
				高温维持罐	处理量（m^3/h）
				闪蒸罐*	处理量（m^3/h）
				层流罐	处理量（m^3/h）
		糖化	糖化	冷却系统	处理量（m^3/h）
				糖化罐*	容积（m^3）
		净化	过滤、活性炭脱色、离子交换	除渣过滤机*	处理量（m^3/h）
				活性炭吸附脱色装置*	处理量（m^3/h）
				离子交换除盐装置*	处理量（m^3/h）
		异构	果糖：异构酶转化	异构柱	处理量（m^3/h），果糖质量含量（%）
		分离	色谱分离	色谱分离装置*	处理量（t/d）
		蒸发	蒸发浓缩	多效降膜蒸发器/MVR 蒸发器*	蒸发量（t/h）
		煮糖	无水葡萄糖：煮糖结晶	煮糖锅	有效容积（m^3），单周产量（t/周）
				助晶机*	有效容积（m^3）
		结晶	葡萄糖：结晶脱水	结晶机（立式结晶、卧式结晶机）*	容积（m^3）
		干燥	分离、烘干、冷却	分离机	处理量（t/h）
				干燥机或烘干机及风送系统*	处理量（t/h）
				冷却装置*	处理量（t/h）
		包装	糖浆：灌装	包装桶清洗、消毒装置*	包装桶容积（m^3）、处理量（个/h）
				包装桶（袋）灌装线	包装桶（袋）容积（m^3）、处理量（个/h）
			其他包装	包装线*	处理量（t/h）

主要生产单元			主要工艺	生产设施	设施参数及单位
淀粉糖生产	葡萄（果）糖（浆）及麦芽糖浆	葡萄糖酸盐生产	反应	液碱罐	容积（m^3）
				反应罐*	容积（m^3）
			净化	除渣过滤机*	处理量（m^3/h）
				活性炭脱色吸附装置*	处理量（m^3/h）
			蒸发结晶	蒸发结晶器*	蒸发量（t/h）
				分离机	处理量（t/h）
			干燥、冷却	干燥机或烘干机及风送系统*	处理量（t/h）
				冷却装置*	处理量（t/h）
			包装	包装线*	处理量（t/h）
	结晶果糖	净化	活性炭脱色、离子交换	活性炭脱色吸附装置*	处理量（m^3/h）
				离子交换除盐装置*	处理量（m^3/h）
		异构	异构酶转化	异构柱	处理量（m^3/h）、果糖质量含量（%）
		分离	色谱分离	色谱分离装置*	处理量（t/d）
		蒸发	蒸发浓缩	多效降膜蒸发器/MVR 蒸发器*	蒸发量（t/h）
		结晶	结晶脱水	结晶机*	容积（m^3）
				分离机	处理量（t/h）
		灌装（甜水）	包装桶清洗、包装桶（袋）灌装	包装桶清洗、消毒装置*	处理量（个/h）
				包装桶（袋）灌装线	处理量（个/h）
		干燥	烘干、冷却	干燥机或烘干机及风送系统*	处理量（t/h）
				冷却装置*	处理量（t/h）
		包装	包装	包装线*	处理量（t/h）
	麦芽糊精	调浆液化	淀粉乳调配、调温加酶	投料机*	处理量（t/d）
				贮料罐	容积（m^3）
				调浆罐*	容积（m^3）
				喷射液化器	处理量（m^3/h）
				高温维持罐	处理量（m^3/h）
				闪蒸罐*	处理量（m^3/h）
				层流罐	处理量（m^3/h）
		净化	过滤、活性炭脱色、离子交换	转鼓过滤机或板框压滤机*	处理量（m^3/h）
				活性炭脱色吸附装置*	处理量（m^3/h）
				离子交换除盐装置*	处理量（m^3/h）
		蒸发	蒸发浓缩	多效降膜蒸发器/MVR 蒸发器*	蒸发量（t/h）
		干燥	喷雾干燥	干燥机或烘干机及风送系统*	处理量（t/h）
		包装	包装	包装线*	处理量（t/h）

主要生产单元		主要工艺	生产设施	设施参数及单位
变性淀粉生产	预处理	调浆（湿法）、混合	调浆罐（或调浆釜）*	处理量（m^3/台）
			混合机*	处理量（t/h）
			干燥机*	处理量（t/h）
	反应	反应改性、中和、湿筛	连续加药混合机*	处理量（t/h）
			变性淀粉反应罐*	容积（m^3）
	洗涤	洗涤、浓缩	旋流器	处理量（t/h）
			储浆装置*	容积（m^3）
			压滤机*	处理量（t/h）
	干燥	干燥	离心机	处理量（t/h）
			干燥机或烘干机及风送系统*	处理量（t/h）
	筛分	过筛分级、粉碎	成品筛*	处理量（t/h）
	包装	成品称重、包装	包装罐*	容积（m^3）
			包装线*	处理量（包/h）
淀粉制品生产	预处理	和面、配料、打芡	打浆机或和面机*	处理量（t/h）
	熟化成型	熟化成型	熟化成型锅	容积（m^3）
			挤压或漏粉机*	处理量（t/h）
			冲粉机*	处理量（t/h）
	冷冻消冰	冷冻、消冰	冷冻装置	处理量（t/h）
			消冰装置*	处理量（t/h）
	干燥	化冰、干燥	风机	风量（m^3/h）
			化冰机	处理量（t/h）
			干燥机或烘干机及风送系统*	处理量（t/h）
	包装	包装	干粉切断机*	处理量（t/h）
			包装线*	处理量（t/h）
公用单元		供热	燃煤锅炉*、燃油锅炉*、燃气锅炉*、生物质燃料锅炉*	蒸汽量（t/h）
		废热利用	废热利用装置*	处理量（t/h）
		贮存	产品仓库*	面积（m^2）
			煤场*	面积（m^2）
			液氨储罐*	容积（m^3）
			盐酸储罐	容积（m^3）
			硫酸储罐	容积（m^3）
		其他	厂内实验室	检测项目（列出介质与污染物名称）
			厂内综合污水处理站*	处理量（m^3/d）

注：实行简化管理的排污单位，可仅填报标有“*”且企业具有的设施。

4.3.3 生产设施编号

淀粉工业排污单位填报内部生产设施编号，若排污单位无内部生产设施编号，则根据 HJ 608 进行编号并填报。

4.3.4 产品名称

包括淀粉、淀粉乳、淀粉糖、变性淀粉、淀粉制品（粉丝、粉条、粉皮、凉粉、凉皮等）、葡萄糖酸盐、胚芽、纤维、喷浆玉米皮、蛋白粉、谷朊粉、其他。

4.3.5 生产能力及计量单位

生产能力为主要产品设计产能，不包括国家或地方政府予以淘汰或取缔的产能。生产能力计量单位为 t（最终产品，以商品计）/a。

4.3.6 设计年生产时间

环境影响评价文件及其批复、地方政府对违规项目的认定或备案文件确定的年生产天数。

4.3.7 其他

淀粉工业排污单位如有需要说明的内容，可填写。

4.4 主要原辅材料及燃料

4.4.1 一般原则

主要原辅材料及燃料应填报原辅材料及燃料种类、设计年使用量及计量单位；原辅材料中有毒有害成分及占比；燃料成分，包括灰分、硫分、挥发分、热值；其他。以下“4.4.2～4.4.5”为必填项，“4.4.6”为选填项。

4.4.2 原辅材料及燃料种类

原料种类包括谷类植物（玉米、小麦、大米、大麦、燕麦、荞麦、高粱等）、薯类（马铃薯、木薯、甘薯等）、豆类（蚕豆、绿豆、豌豆、赤豆等）、其他含淀粉植物（葛根、藕、山药、香蕉、芭蕉芋、橡子、白果等）、淀粉、淀粉乳、葡萄糖、其他。

辅料种类包括硫黄、石灰、酶制剂、酸类、碱类、硫酸盐、活性炭、助滤剂、氧化剂、酯化剂、醚化剂、交联剂、污水处理投加药剂、其他。实行简化管理的排污单位，可仅填报硫黄（如企业实际使用）。

燃料种类包括煤、重油、柴油、天然气、液化石油气、焦炭、生物质燃料、其他。

4.4.3 设计年使用量及计量单位

设计年使用量为与产能相匹配的原辅材料及燃料年使用量。

设计年使用量的计量单位均为 t/a 或 m^3/a。

4.4.4 原辅材料中有毒有害成分及占比

应填报原辅材料中有毒有害物质或元素成分及占比，可参照设计值或上一年度的实际使用情况填报。

4.4.5 燃料灰分、硫分、挥发分及热值

按设计值或上一年生产实际值填写固体燃料灰分、硫分、挥发分及热值（低位发热量），生物质燃料还需填写水分、不填写挥发分。燃油和燃气填写硫分（液体燃料按硫分计；气体燃料按总硫计，总硫包含有机硫和无机硫）及热值（低位发热量）。固体燃料和液体燃料填报值以收到基为基准。

4.4.6 其他

淀粉工业排污单位需要说明的其他内容，可填写。

4.5 产排污节点、污染物及污染治理设施

4.5.1 废水

4.5.1.1 一般原则

应填报废水类别、污染控制项目、排放去向、排放规律、污染治理设施、是否为可行技术、排放口编号、排放口设置是否符合要求、排放口类型。以下“4.5.1.2～4.5.1.6”为必填项。

4.5.1.2 废水类别、污染控制项目及污染治理设施

淀粉工业排污单位排放废水类别、污染控制项目、排放去向及污染治理设施填报内容参见表2。淀粉工业排污单位水污染控制项目依据GB 25461确定，地方有更严格排放标准要求的，按照地方排放标准从严确定。

4.5.1.3 排放去向及排放规律

淀粉工业排污单位应明确废水排放去向及排放规律。

排放去向分为不外排；直接进入江河、湖、库等水环境；直接进入海域；进入城市下水道（再入江河、湖、库）；进入城市下水道（再入沿海海域）；进入城镇污水集中处理设施；进入其他单位；进入工业废水集中处理

设施；其他（如土地利用）。

当废水直接或间接进入环境水体时填写排放规律，不外排时不用填写。排放规律分为连续排放，流量稳定；连续排放，流量不稳定，但有周期性规律；连续排放，流量不稳定，但有规律，且不属于周期性规律；连续排放，流量不稳定，属于冲击型排放；连续排放，流量不稳定且无规律，但不属于冲击型排放；间断排放，排放期间流量稳定；间断排放，排放期间流量不稳定，但有周期性规律；间断排放，排放期间流量不稳定，但有规律，且不属于非周期性规律；间断排放，排放期间流量不稳定，属于冲击型排放；间断排放，排放期间流量不稳定且无规律，但不属于冲击型排放。

4.5.1.4 污染治理设施、排放口编号

污染治理设施编号可填写淀粉工业排污单位内部编号，若排污单位无内部编号，则根据 HJ 608 进行编号并填报。

污水排放口编号填写地方环境保护主管部门现有编号或由排污单位根据 HJ 608 进行编号并填报。

雨水排放口编号可填写排污单位内部编号，若无内部编号，则采用“YS+三位流水号数字”（如 YS001）进行编号并填报。

4.5.1.5 排放口设置要求

根据《排污口规范化整治技术要求（试行）》、地方相关管理要求，以及淀粉工业排污单位执行的排放标准中有关排放口规范化设置的规定，填报废水排放口设置是否符合规范化要求。

4.5.1.6 排放口类型

淀粉工业排污单位废水排放口分为废水总排放口（综合污水处理站排放口）、生活污水直接排放口、单独排向城镇污水集中处理设施的生活污水排放口。其中废水总排放口和生活污水直接排放口为主要排放口，其他排放口均为一般排放口。

表 2 淀粉工业排污单位废水类别、污染控制项目及污染治理设施一览表

废水类别	污染控制项目	排放去向	排放口类型	执行排放标准[a]	污染治理设施	
					污染治理设施名称及工艺	是否为可行技术
生活污水	pH 值、悬浮物、五日生化需氧量（BOD_5）、化学需氧量（COD_{Cr}）、氨氮、总氮、总磷	不外排[b]	—	—[f]	经处理后厂内回用；其他	—
		直接排放[c]	主要排放口	GB 25461	1）预处理：粗（细）格栅；沉淀；过滤；其他。 2）二级处理：活性污泥法及改进的活性污泥法；其他。 3）除磷处理：化学除磷（注明混凝剂）；生物除磷；生物与化学组合除磷；其他。 4）深度处理：曝气生物滤池（BAF）、V 形滤池；臭氧氧化；膜分离技术（超滤、反渗透等）；电渗析；人工湿地；其他	□是 □否 如采用不属于“6 污染防治可行技术要求”中的技术，应提供相关证明材料
		间接排放[d]（进入城镇污水集中处理设施）	一般排放口	—	—	—
		其他[e]	—	—[g]	经处理后土地利用；其他	—

废水类别	污染控制项目	排放去向	排放口类型	执行排放标准[a]	污染治理设施	
					污染治理设施名称及工艺	是否为可行技术
厂内综合污水处理站的综合污水（生产废水、生活污水、初期雨水等）	pH 值、悬浮物、五日生化需氧量（BOD_5）、化学需氧量（COD_{Cr}）、氨氮、总氮、总磷、总氰化物(以木薯为原料的淀粉生产)	不外排[b]	—	—[f]	经处理后厂内回用；其他	—
		直接排放[c] 间接排放[d]	主要排放口	GB 25461	1）预处理：粗（细）格栅；沉淀；过滤；其他。 2）生化法处理：厌氧处理（UASB、EGSB、IC 或其他）；好氧处理（A/O、MBBR、SBR 或其他）；厌氧处理（UASB、EGSB、IC 或其他）+好氧处理（A/O、MBBR、SBR 或其他）；其他。 3）除磷处理：化学除磷（注明混凝剂）；生物除磷；生物与化学组合除磷；其他。 4）深度处理：V 形滤池；臭氧氧化；膜分离技术（超滤、反渗透等）；电渗析；人工湿地；其他	□是 □否 如采用不属于“6 污染防治可行技术要求”中的技术，应提供相关证明材料
		其他[e]	—	—[g]	经处理后土地利用；其他	—

注：[a] 地方有更严格排放标准要求的，从其规定。

[b] 不外排指废水经处理后回用，以及其他不通过排污单位污水排放口排出的排放方式。

[c] 直接排放指直接进入江河、湖、库等水环境、直接进入海域、进入城市下水道（再入江河、湖、库）、进入城市下水道（再入沿海海域），以及其他直接进入环境水体的排放方式。

[d] 间接排放指进入城镇污水集中处理设施、进入工业废水集中处理设施，以及其他间接进入环境水体的排放方式。

[e] 其他指污水用于土地利用等非排入环境水体的去向。

[f] 污水回用时应达到相应的再生利用水水质标准。

[g] 污水进行土地利用等用途时，应符合国家和地方有关法律法规、标准及技术规范文件要求。

4.5.2　废气

4.5.2.1　一般原则

应填报对应产污环节名称、污染控制项目、排放形式（有组织、无组织）、污染治理设施、是否为可行技术、有组织排放口编号、排放口设置是否符合要求、排放口类型，其余项为系统自动生成。以下“4.5.2.2～4.5.2.5”为必填项。

4.5.2.2　废气产污环节名称、污染控制项目、排放形式及污染治理设施

淀粉工业排污单位废气产污环节、污染控制项目、排放形式及污染治理设施填报内容见表3。淀粉工业排污单位废气污染控制项目依据GB 9078、GB 13271、GB 14554 和 GB 16297 确定。待行业污染物排放标准发布后，污染控制项目从其规定。地方有更严格排放标准要求的，按照地方排放标准从严确定。

4.5.2.3　污染治理设施、有组织排放口编号

污染治理设施编号可填写淀粉工业排污单位内部编号，若排污单位无内部编号，则根据 HJ 608 进行编号并填报。

有组织排放口编号填写地方环境保护主管部门现有编号或由淀粉工业排污单位根据 HJ 608 进行编号并填报。

4.5.2.4　排放口设置要求

根据《排污口规范化整治技术要求（试行）》、地方相关管理要求，以及淀粉工业排污单位执行的排放标准中有关排放口规范化设置的规定，填报废气排放口设置是否符合规范化要求。

4.5.2.5　排放口类型

废气排放口分为主要排放口和一般排放口。主要排放口为锅炉烟囱，其他废气排放口均为一般排放口。

表 3　淀粉工业排污单位废气产污环节、污染控制项目、排放形式及污染治理设施一览表

<table>
<tr><th colspan="2" rowspan="2">生产单元</th><th rowspan="2">生产设施</th><th rowspan="2">废气产污环节</th><th rowspan="2">污染控制项目</th><th rowspan="2">排放形式</th><th rowspan="2">排放口类型</th><th rowspan="2">执行排放标准[a]</th><th colspan="2">污染治理设施</th></tr>
<tr><th>污染治理设施名称及工艺</th><th>是否为可行技术</th></tr>
<tr><td colspan="2" rowspan="2">原料系统</td><td>装卸料设施、粮库（仓）、料场</td><td>装卸料废气</td><td>颗粒物</td><td>无组织</td><td>—</td><td>GB 16297</td><td>采用覆盖防风抑尘网、洒水抑尘、加强密封、收集送除尘装置处理（喷淋系统、旋风除尘、旋风除尘+袋式除尘等）、其他</td><td rowspan="2">—</td></tr>
<tr><td>输运设施</td><td>输运废气</td><td>颗粒物</td><td>无组织</td><td>—</td><td>GB 16297</td><td>输运车辆采用覆盖防风抑尘网、洒水抑尘、加强输运设施密封、原料场出口配备车轮清洗（扫）装置、收集送除尘装置处理（喷淋系统、旋风除尘、旋风除尘+袋式除尘等）、其他</td></tr>
<tr><td rowspan="3">淀粉生产</td><td>净化</td><td>玉米淀粉生产的玉米清理筛</td><td>净化废气</td><td>颗粒物</td><td>有组织</td><td>一般排放口</td><td>GB 16297</td><td>水幕除尘、旋风除尘、袋式除尘、旋风除尘+袋式除尘、其他</td><td rowspan="3">□是
□否
如采用不属于“6　污染防治可行技术要求”中的技术，应提供相关证明材料</td></tr>
<tr><td rowspan="2">浸泡</td><td>玉米淀粉生产的燃硫设备、吸收塔</td><td>燃硫废气</td><td>二氧化硫</td><td>有组织</td><td>一般排放口</td><td>GB 9078</td><td>全自动燃硫设备、二级碱液喷淋吸收处理、两级吸收塔+真空吸收机、过氧化氢喷淋处理、尾气回收系统、其他</td></tr>
<tr><td>玉米淀粉生产的浸泡装置</td><td>浸泡废气</td><td>二氧化硫</td><td>有组织</td><td>一般排放口</td><td>GB 16297</td><td>碱液喷淋、其他</td></tr>
</table>

生产单元		生产设施	废气产污环节	污染控制项目	排放形式	排放口类型	执行排放标准[a]	污染治理设施	
								污染治理设施名称及工艺	是否为可行技术
淀粉生产	破碎	玉米淀粉生产胚芽分离的破碎机、纤维分离的精磨	破碎废气	二氧化硫	有组织	一般排放口	GB 16297	碱液喷淋、其他	
	洗涤	玉米淀粉生产的胚芽洗涤装置、纤维洗涤装置	洗涤废气	二氧化硫	有组织	一般排放口	GB 16297	碱液喷淋、其他	
	分离	玉米淀粉生产的分离机（预浓缩分离机、澄清分离机、分离机、麸质浓缩分离机）	分离废气	二氧化硫	无组织	—	GB 16297	加强密闭、收集送处理（碱液喷淋等）、其他	—
	投面	小麦淀粉生产的积粉仓、输运设施、筒仓	投面废气	颗粒物	无组织	—	GB 16297	加强密闭、收集送除尘装置处理（喷淋系统、旋风除尘、旋风除尘+袋式除尘等）、其他	—
	和面	小麦淀粉生产的筛分机、输运设施、和面机	和面废气	颗粒物	无组织	—	GB 16297	加强密闭、收集送除尘装置处理（喷淋系统、旋风除尘、旋风除尘+袋式除尘等）、其他	—

生产单元		生产设施	废气产污环节	污染控制项目	排放形式	排放口类型	执行排放标准[a]	污染治理设施	
								污染治理设施名称及工艺	是否为可行技术
淀粉生产	粉碎	喷浆玉米皮粉碎机、薯渣粉碎机	粉碎废气	颗粒物	有组织	一般排放口	GB 16297	水幕除尘、旋风除尘、袋式除尘、旋风除尘+袋式除尘、其他	
	干燥	干燥机或烘干机及风送系统	玉米淀粉干燥废气且废热不利用	颗粒物、二氧化硫	有组织	一般排放口	GB 16297	喷淋系统、旋风除尘、袋式除尘、袋式除尘+碱液喷淋、旋风除尘+水幕除尘+碱液喷淋、旋风除尘+袋式除尘、其他	□是 □否 如采用不属于“6 污染防治可行技术要求”中的技术，应提供相关证明材料
			其他淀粉干燥废气	颗粒物	有组织	一般排放口	GB 16297	旋风除尘、袋式除尘、旋风除尘+水幕除尘、旋风除尘+袋式除尘、其他	
	筛分	成品筛	筛分废气	颗粒物	有组织	一般排放口	GB 16297	喷淋系统、旋风除尘、袋式除尘、旋风除尘+水幕除尘、旋风除尘+袋式除尘、其他	
	包装	包装线	包装废气	颗粒物	无组织	—	GB 16297	加强密闭、回用到生产前端、收集后送除尘装置处理（喷淋系统、旋风除尘、旋风除尘+袋式除尘等）、其他	—

生产单元		生产设施	废气产污环节	污染控制项目	排放形式	排放口类型	执行排放标准[a]	污染治理设施	
								污染治理设施名称及工艺	是否为可行技术
淀粉糖生产	投料	投料机	投料废气	颗粒物	有组织	一般排放口	GB 16297	喷淋系统、旋风除尘、袋式除尘、旋风除尘+水幕除尘、旋风除尘+袋式除尘、其他	□是 □否 如采用不属于“6 污染防治可行技术要求”中的技术，应提供相关证明材料
	反应	葡萄糖酸盐生产反应罐	反应废气	颗粒物	无组织	—	GB 16297	加强密闭、收集后送除尘装置处理（喷淋系统、旋风除尘、袋式除尘、旋风除尘+水幕除尘、旋风除尘+袋式除尘等）、其他	—
	净化	过滤机	过滤废气	颗粒物	无组织	—	GB 16297	加强密闭、收集后送除尘装置处理（喷淋系统、旋风除尘、袋式除尘、旋风除尘+水幕除尘、旋风除尘+袋式除尘等）、其他	—
	干燥	干燥机或烘干机及风送系统	干燥废气	颗粒物	有组织	一般排放口	GB 16297	喷淋系统、水幕除尘、旋风除尘、袋式除尘、旋风除尘+水幕除尘、旋风除尘+袋式除尘、其他	□是 □否 如采用不属于“6 污染防治可行技术要求”中的技术，应提供相关证明材料
		冷却装置	冷却废气						

生产单元		生产设施	废气产污环节	污染控制项目	排放形式	排放口类型	执行排放标准[a]	污染治理设施	
								污染治理设施名称及工艺	是否为可行技术
淀粉糖生产	包装	包装线	包装废气	颗粒物	无组织	—	GB 16297	加强密闭、回用到生产前端、收集后送除尘装置处理(喷淋系统、旋风除尘、旋风除尘+袋式除尘等)、其他	—
变性淀粉生产	预处理	调浆罐（或釜）、混合机	加药废气	氯化氢、非甲烷总烃、颗粒物	有组织	一般排放口	GB 16297	碱液吸收处理、过氧化氢喷淋处理、其他	□是 □否 如采用不属于“6　污染防治可行技术要求”中的技术，应提供相关证明材料
		干燥机	干燥废气	颗粒物	有组织	一般排放口	GB 16297	喷淋系统、旋风除尘、袋式除尘、旋风除尘+水幕除尘、旋风除尘+袋式除尘、其他	
	反应	连续加药混合机、变性淀粉反应罐	反应废气	氯化氢、非甲烷总烃、颗粒物	有组织	一般排放口	GB 16297	碱液吸收处理、过氧化氢喷淋处理、其他	
	洗涤	储浆装置	储浆废气	非甲烷总烃	无组织	—	GB 16297	加强密闭、收集送处理（吸收、吸附、冷凝、焚烧等）、其他	—
		过滤机	过滤废气	颗粒物	无组织	—	GB 16297	加强密闭、收集后送除尘装置处理（喷淋系统、旋风除尘、袋式除尘、旋风除尘+水幕除尘、旋风除尘+袋式除尘等）、其他	—

生产单元		生产设施	废气产污环节	污染控制项目	排放形式	排放口类型	执行排放标准[a]	污染治理设施	
								污染治理设施名称及工艺	是否为可行技术
变性淀粉生产	干燥	干燥机或烘干机及风送系统	干燥废气	颗粒物	有组织	一般排放口	GB 16297	喷淋系统、旋风除尘、袋式除尘、旋风除尘+水幕除尘、旋风除尘+袋式除尘、其他	□是 □否 如采用不属于“6 污染防治可行技术要求”中的技术，应提供相关证明材料
	筛分	成品筛	筛分废气	颗粒物	有组织	一般排放口	GB 16297	喷淋系统、旋风除尘、袋式除尘、旋风除尘+水幕除尘、旋风除尘+袋式除尘、其他	
	包装	包装线	包装废气	颗粒物	无组织	—	GB 16297	加强密闭、回用到生产前端、收集后送除尘装置处理（喷淋系统、旋风除尘、旋风除尘+袋式除尘等）、其他	—
淀粉制品生产	和面	打浆机或和面机	和面废气	颗粒物	无组织	—	GB 16297	洒水抑尘、收集后送除尘装置处理（喷淋系统、旋风除尘、旋风除尘+袋式除尘等）、其他	—
	干燥	干燥机或烘干机及风送系统	干燥废气	颗粒物	有组织	一般排放口	GB 16297	喷淋系统、旋风除尘、袋式除尘、旋风除尘+水幕除尘、旋风除尘+袋式除尘、其他	□是 □否 如采用不属于“6 污染防治可行技术要求”中的技术，应提供相关证明材料

生产单元		生产设施	废气产污环节	污染控制项目	排放形式	排放口类型	执行排放标准[a]	污染治理设施	
								污染治理设施名称及工艺	是否为可行技术
淀粉制品生产	包装	包装线	包装废气	颗粒物	无组织	—	GB 16297	加强密闭、回用到生产前端、收集后送除尘装置处理（喷淋系统、旋风除尘、旋风除尘+袋式除尘等）、其他	—
公用单元		燃煤锅炉、燃油锅炉、燃气锅炉、生物质燃料锅炉	燃烧废气	颗粒物	有组织	主要排放口	GB 13271	静电除尘器（注明电场数，如三电场、四电场等）、袋式除尘器（注明滤料种类，如聚酯、聚丙烯、玻璃纤维、聚四氟乙烯机织布或针刺毡滤料，覆膜滤料等）、电袋复合除尘器、旋风除尘器、多管除尘器、滤筒除尘器、湿式电除尘、水浴除尘器、其他	□是 □否 如采用不属于“6 污染防治可行技术要求”中的技术，应提供相关证明材料
				二氧化硫 氮氧化物 汞及其化合物 烟气黑度（林格曼黑度，级）				燃用净化后煤气、脱硫系统（石灰石/石灰-石膏法、氨法、氧化镁法、双碱法、循环流化床法、旋转喷雾法、密相干塔法、新型脱硫除尘一体化技术、MEROS法脱硫技术）、脱硝系统（SCR、SNCR、低氮燃烧）、炉内添加卤化物、烟道喷入活性炭（焦）、其他	

生产单元	生产设施	废气产污环节	污染控制项目	排放形式	排放口类型	执行排放标准[a]	污染治理设施	
							污染治理设施名称及工艺	是否为可行技术
公用单元	玉米淀粉生产中废热利用装置	废热利用废气	二氧化硫	有组织	一般排放口	GB 16297	袋式除尘+碱液喷淋；旋风除尘+水幕除尘+碱液喷淋、其他	
	产品仓库	存储废气	颗粒物	无组织	—	GB 16297	仓库周围设置挡尘棚、采取洒水等降尘措施、加强密封、地面采取排水、硬化防渗措施、其他	—
	煤场	煤场煤尘	颗粒物	无组织	—	GB 16297	煤场周围设置防风抑尘网、厂内设置挡尘棚、采取洒水等降尘措施、其他	
	液氨储罐	逸散废气	氨	无组织	—	GB 14554	阀门和管道防泄漏管控、定期检测、其他	
	厂内综合污水处理站	污水处理、污泥堆放和处理	臭气浓度、氨、硫化氢	无组织	—	GB 14554	产臭区域投放除臭剂、产臭区域加罩或加盖、将臭气采用引风机引至除臭装置处理、其他	—

注：[a] 地方有更严格排放标准要求的，从其规定。

4.6 图件要求

淀粉工业排污单位基本情况还应包括生产工艺流程图（包括全厂及各工序）、厂区总平面布置图、雨水和污水管网平面布置图。

生产工艺流程图应至少包括主要生产设施（设备）、主要原辅燃料的流向、生产工艺流程等内容。

厂区总平面布置图应包括主体设施、公辅设施、污水处理设施等内容，同时注明厂区运输路线等。

雨水和污水管网平面布置图应包括厂区雨水和污水集输管线走向、排放口位置及排放去向等内容。

4.7 其他要求

未依法取得建设项目环境影响评价文件审批意见，或者未取得地方人民政府按照有关国家规定依法处理、整顿规范所出具的相关证明材料的排污单位，采用的污染治理设施或措施不能达到许可排放浓度要求的排污单位，以及存在其他依规需要改正行为的排污单位，在首次申报排污许可证填报申请信息时，应在全国排污许可证管理信息平台申报系统中“改正规定”一栏，提出改正方案。

5 产排污环节对应排放口及许可排放限值确定方法

5.1 排放口及执行标准

5.1.1 废水排放口及执行标准

废水直接排放口应填报排放口地理坐标、间歇排放时段、对应入河排污口名称及编码、受纳自然水体信息、汇入受纳自然水体处的地理坐标及执行的国家或地方污染物排放标准，废水间接排放口应填报排放口地理坐标、间歇排放时段、受纳污水处理厂信息及执行的国家或地方污染物排放标准，单独排入城镇污水集中处理设施的生活污水仅说明去向。废水间歇式排放的，应当载明排放污染物的时段。

5.1.2 废气排放口及执行标准

废气排放口应填报排放口地理坐标、排气筒高度、排气筒出口内径、国家或地方污染物排放标准、环境影响评价批复要求及承诺更加严格的排放限值。

5.2 许可排放限值

5.2.1 一般原则

许可排放限值包括污染物许可排放浓度和许可排放量。许可排放量包括年许可排放量和特殊时段许可排放量。年许可排放量是指允许淀粉工业排污单位连续 12 个月排放的污染物最大排放量。年许可排放量同时适用于考核自然年的实际排放量。有核发权的地方环境保护主管部门根据环境管理要求（如采暖季、枯水期等），可将年许可排放量按季、月进行细化。

对于水污染物，实行重点管理的淀粉工业排污单位废水主要排放口许可排放浓度和排放量；一般排放口仅许可排放浓度，不许可排放量。实行简化管理的排污单位废水污染物仅许可排放浓度，不许可排放量。单独排入城镇污水集中处理设施的生活污水排放口不许可排放浓度和排放量。

对于大气污染物，以排放口为单位确定主要排放口和一般排放口许可排放浓度，以厂界确定无组织许可排放浓度。主要排放口逐一计算许可排放量，一般排放口和无组织排放不许可排放量。

根据国家或地方污染物排放标准，按照从严原则确定许可排放浓度。依据本标准 5.2.3 规定的允许排放量核算方法和依法分解落实到排污单位的重点污染物排放总量控制指标，从严确定许可排放量，落实环境质量改善要求。2015 年 1 月 1 日及以后取得环境影响评价审批意见的排污单位，许可排放量还应同时满足环境影响评价文件和审批意见确定的排放量的要求。

总量控制指标包括地方政府或环境保护主管部门发文确定的排污单位总量控制指标、环境影响评价文件批复中确定的总量控制指标、现有排污许可证中载明的总量控制指标、通过排污权有偿使用和交易确定的总量控制指标等地方政府或环境保护主管部门与排污许可证申领排污单位以一定形式确认的总量控制指标。

淀粉工业排污单位填报申请的排污许可排放限值时，应在排污许可证申请表中写明申请的许可排放限值计算过程。

淀粉工业排污单位承诺的排放浓度严于本标准要求的，应在排污许可证中规定。

5.2.2 许可排放浓度

5.2.2.1 废水

对于淀粉工业排污单位废水直接或间接排向环境水体的情况，应依据GB 25461中的直接排放限值或间接排放限值确定排污单位废水总排放口的水污染物许可排放浓度。地方有更严格排放标准要求的，按照地方排放标准从严确定。

在淀粉工业排污单位的生产设施同时生产两种或两种以上类别的产品、可适用不同排放控制要求或不同行业污染物排放标准时（如淀粉、淀粉糖、变性淀粉和淀粉制品的生产废水执行GB 25461，由葡萄糖生产葡萄糖酸盐废水执行GB 8978），且生产设施产生的污水混合处理排放的情况下，应执行排放标准中规定的最严格的浓度限值。

淀粉工业排污单位废水回用时应达到相应的再生利用水水质标准。

薯类淀粉废水进行土地利用时，应符合国家和地方有关法律法规、标准及技术规范文件要求。

5.2.2.2 废气

应依据GB 9078、GB 13271、GB 14554和GB 16297确定淀粉工业排污单位废气许可排放浓度限值。地方有更严格排放标准要求的，按照地方排放标准从严确定。

大气污染防治重点控制区按照《关于执行大气污染物特别排放限值的公告》《关于执行大气污染物特别排放限值有关问题的复函》和《关于京津冀大气污染传输通道城市执行大气污染物特别排放限值的公告》的要求执行。其他执行大气污染物特别排放限值的地域范围、时间，由国务院环境保护行政主管部门或省级人民政府规定。

若执行不同许可排放浓度的多台生产设施或排放口采用混合方式排放废气，且选择的监控位置只能监测混合废气中的大气污染物浓度，则应执行各许可排放限值要求中最严格限值。

5.2.3 许可排放量

5.2.3.1 废水

实行重点管理的淀粉工业排污单位应明确化学需氧量、氨氮的年许可排放量，可以明确受纳水体环境质量年均值超标且列入 GB 25461 中的其他相关排放因子的年许可排放量。位于《"十三五"生态环境保护规划》及生态环境部正式发布的文件中规定的总磷、总氮总量控制区域内的重点管理淀粉工业排污单位，还应分别申请总磷及总氮年许可排放量。地方环境保护主管部门有更严格规定的，从其规定。

a）单独排放

淀粉工业排污单位水污染物年许可排放量是指排污单位废水总排放口水污染物年排放量的最高允许值，分别按照以下两种方式进行计算，从严确定；当仅能通过一种方式计算时，以该计算方式确定。

1）依据水污染物许可排放浓度限值、单位产品基准排水量和产品产能核定，计算公式如式（1）所示。

$$D_j = \sum_{i=1}^{n} (S_i \times Q_{ij} \times C_{ij}) \times 10^{-6} \quad (1)$$

式中：D_j——排污单位废水第 j 项水污染物的年许可排放量，t/a；

S_i——排污单位第 i 个生产线的产品产能，t 产品（淀粉，以商品计）/a；

Q_{ij}——排污单位第 i 个生产线的单位产品基准排水量，m^3/t 产品（淀粉，以商品计），按照 GB 25461 规定的单位产品基准排水量核算；地方有更严格排放标准要求的，按照地方排放标准从严确定；

C_{ij}——排污单位第 i 个生产线废水第 j 项水污染物许可排放浓度限值，mg/L；地方有更严格排放标准要求的，按照地方排放标准确定；

n——排污单位生产线数量，量纲一。

2）依据生产单位最终产品的水污染物排放量限值和产品产能核定，计算公式如式（2）所示。

$$D_j = \sum_{i=1}^{n} (S_i \times P_{ij}) \times 10^{-3} \quad (2)$$

式中：D_j——排污单位废水第 j 项水污染物的年许可排放量，t/a；

S_i——排污单位第 i 个生产线的产品产能，t 产品（以商品计）/a；

P_{ij}——排污单位第 i 个生产线第 j 项水污染物的单位产品排放量限值，kg/t 产品（以商品计），按照表 4 核算。

n——排污单位生产线数量，量纲一。

表 4　淀粉工业排污单位生产单位产品的水污染物排放量限值（P_{ij}）

单位：kg/t 产品（以商品计）

污染控制项目	排污单位	排放方式	排污单位生产类型			
			基础原料（谷类）制淀粉（乳）	基础原料（谷类除外）制淀粉（乳）		
			淀粉（乳）制淀粉糖（结晶果糖除外）或葡萄糖酸盐	淀粉（乳）制结晶果糖	基础原料（谷类）制淀粉糖（结晶果糖除外）或葡萄糖酸盐	基础原料（谷类除外）制淀粉糖 基础原料（谷类）制结晶果糖
			淀粉（乳）制变性淀粉（工业级）	淀粉（乳）制变性淀粉（食品级）	基础原料（谷类）制变性淀粉（工业级）	基础原料（谷类除外）制变性淀粉（工业级） 基础原料制变性淀粉（食品级）
			淀粉（乳）制淀粉制品（粉丝、粉条、粉皮等）		基础原料（谷类）制淀粉制品（粉丝、粉条、粉皮等）	基础原料（谷类除外）制淀粉制品（粉丝、粉条、粉皮等）
化学需氧量（COD_{Cr}）	一般排污单位	直接排放	0.3	0.8	0.4	1
		间接排放	0.9	2.4	1.2	3
	执行特别排放限值单位	直接排放	0.05	0.2	0.1	0.25
		间接排放	0.1	0.4	0.2	0.5
氨氮	一般排污单位	直接排放	0.045	0.12	0.06	0.15
		间接排放	0.105	0.28	0.14	0.35
	执行特别排放限值单位	直接排放	0.005	0.02	0.01	0.025
		间接排放	0.015	0.06	0.03	0.075

污染控制项目	排污单位	排放方式	排污单位生产类型			
			基础原料（谷类）制淀粉（乳）	基础原料（谷类除外）制淀粉（乳）		
			淀粉（乳）制淀粉糖（结晶果糖除外）或葡萄糖酸盐	淀粉（乳）制结晶果糖	基础原料（谷类）制淀粉糖（结晶果糖除外）或葡萄糖酸盐	基础原料（谷类除外）制淀粉糖 基础原料（谷类）制结晶果糖
			淀粉（乳）制变性淀粉（工业级）	淀粉（乳）制变性淀粉（食品级）	基础原料（谷类）制变性淀粉（工业级）	基础原料（谷类除外）制变性淀粉（工业级） 基础原料制变性淀粉（食品级）
			淀粉（乳）制淀粉制品（粉丝、粉条、粉皮等）		基础原料（谷类）制淀粉制品（粉丝、粉条、粉皮等）	基础原料（谷类除外）制淀粉制品（粉丝、粉条、粉皮等）
总氮	一般排污单位	直接排放	0.09	0.24	0.12	0.3
		间接排放	0.165	0.44	0.22	0.55
	执行特别排放限值单位	直接排放	0.01	0.04	0.02	0.05
		间接排放	0.03	0.12	0.06	0.15
总磷	一般排污单位	直接排放	0.003	0.008	0.004	0.01
		间接排放	0.015	0.04	0.02	0.05
	执行特别排放限值单位	直接排放	0.0005	0.002	0.001	0.002 5
		间接排放	0.001	0.004	0.002	0.005

注：产品为淀粉乳时，折算为商品淀粉计；基础原料是指谷类、薯类、豆类、其他含淀粉植物等。

b）混合排放

排污单位的生产设施同时排放适用不同排放控制要求或不同污染物排放标准的污水，且污水混合处理排放的，排污单位水污染物年许可排放量的计算公式如式（3）所示。

$$D_j = C_j \times \sum_{i=1}^{n} (S_i \times Q_i \times 10^{-6}) \quad (3)$$

式中：D_j——排污单位废水第 j 项水污染物的年许可排放量，t/a；

C_j——排污单位第 i 个生产线废水中第 j 项水污染物的许可排放浓度限值，mg/L；

Q_i——排污单位第 i 个生产线单位产品基准排水量，m^3/t 产品（淀粉，以商品计）；

S_i——排污单位第 i 个生产线产品产能，t 产品（淀粉，以商品计）/a；

n——排污单位生产线数量，量纲一。

其中，对于淀粉工业废水，如核算时缺少 Q_i 值，或者（$C_j \times Q_i$）值大于表 4 中 P_{ij} 值，则以 P_{ij} 值代替（$C_j \times Q_i$）进行核算。

5.2.3.2 **废气**

淀粉工业排污单位应明确颗粒物、二氧化硫、氮氧化物的许可排放量。

a）年许可排放量

1）排污单位年许可排放量

淀粉工业排污单位的大气污染物年许可排放量等于主要排放口年许可排放量，如式（4）所示。

$$E_{j,年许可} = E_{j,主要排放口年许可} \quad (4)$$

式中：$E_{j,年许可}$——排污单位第 j 项大气污染物的年许可排放量，t/a；

$E_{j,主要排放口年许可}$——主要排放口第 j 项大气污染物年许可排放量，t/a。

2）主要排放口年许可排放量

淀粉工业排污单位废气的主要排放口是锅炉烟囱。每个锅炉烟囱的年许可排放量依据废气污染物许可排放浓度限值、基准排气量和设计燃料用量相乘核定。

燃煤或燃油锅炉废气污染物年许可排放量计算公式如式（5）所示：

$$D_{ij}=R_i\times Q_i\times C_{ij}\times 10^{-6} \tag{5}$$

燃气锅炉废气污染物年许可排放量计算公式如式（6）所示：

$$D_{ij}=R_i\times Q_i\times C_{ij}\times 10^{-9} \tag{6}$$

式中：D_{ij}——第 i 个锅炉排放口废气第 j 项大气污染物年许可排放量，t/a；

S_{i}——第 i 个锅炉排放口设计燃料用量，燃煤或燃油时单位为 t/a，燃气时单位为 Nm^3/a；

Q_{i}——第 i 个锅炉排放口基准排气量，燃煤时单位为 Nm^3/kg 燃煤，燃油时单位为 Nm^3/kg 燃油，燃气时单位为 Nm^3/Nm^3 天然气，具体取值见表 5；地方有更严格排放标准要求的，按照地方排放标准从严确定；

C_{ij}——第 i 个锅炉排放口废气第 j 项大气污染物许可排放浓度限值，mg/Nm^3。

表 5　淀粉工业排污单位锅炉废气基准排气量参考表

燃料分类	热值/（MJ/kg）	基准排气量
燃煤[a]	12.5	6.2 m^3/kg 燃煤
	21	9.9 m^3/kg 燃煤
	25	11.6 m^3/kg 燃煤
燃油[a]	38	12.2 m^3/kg 燃油
	40	12.8 m^3/kg 燃油
	43	13.8 m^3/kg 燃油
燃气[b]	燃用天然气	12.3 m^3/m^3 天然气

注：[a] 燃用其他热值燃料的，可按照《动力工程师手册》进行计算。

[b] 以混合煤气为燃料的燃气锅炉，其基准排气量为各类煤气的体积百分比与相应基准排气量乘积的加和。

生物质燃料的锅炉废气污染物年许可排放量参考燃煤锅炉计算，基准排气量可参考燃煤锅炉确定，或采用近三年企业实测的锅炉排气量或近一年连续在线监测的锅炉排气量除以相应的燃料实际使用量确定。

所有主要排放口的年许可排放量等于各主要排放口年许可排放量的加和，如式（7）所示。

$$E_{j,\text{主要排放口年许可}}=\sum_{i=1}^{n}E_{ij} \tag{7}$$

式中：$E_{j,\text{主要排放口年许可}}$——主要排放口第 j 项大气污染物年许可排放量，t/a；

E_{ij}——第 i 个主要排放口废气第 j 项大气污染物年许可排放量，t/a；

n——主要排放口数量。

b）特殊时段许可排放量

淀粉工业排污单位特殊时段大气污染物日许可排放量按式（8）计算。地方制定的相关法规中对特殊时段许可排放量有明确规定的，从其规定。国家和地方环境保护主管部门依法规定的其他特殊时段短期许可排放量应当在排污许可证中规定。

$$E_{\text{日许可}}=E_{\text{日均排放量}}\times(1-\alpha) \tag{8}$$

式中：$E_{\text{日许可}}$——淀粉工业排污单位重污染天气应对期间或冬防阶段日许可排放量，t/d；

$E_{\text{日均排放量}}$——淀粉工业排污单位日均排放量基数，t/d；对于现有排污单位，优先采用前一年环境统计实际排放量和相应设施运行天数计算，若无前一年环境统计数据，采用实际排放量和相应设施运行天数计算；对于新建排污单位，采用许可排放量和相应设施运行天数计算。

α——重污染天气应对期间或冬防阶段排放量削减比例。

5.2.4 无组织排放控制要求

对于淀粉工业排污单位无组织排放源，应根据所处区域的不同，分生产工序分别明确无组织排放控制要求，具体见表 6。

表 6 淀粉工业排污单位无组织排放控制要求表

序号	生产设施	废气产污环节	无组织排放控制要求[a,b]
1	原料系统的装卸料设施、粮库（仓）、料场	装卸料废气	采用覆盖防风抑尘网或洒水抑尘；加强密封；收集送除尘装置处理（喷淋系统、旋风除尘、袋式除尘、旋风除尘+袋式除尘等）

序号	生产设施	废气产污环节	无组织排放控制要求[a,b]
2	原料系统的输运设施	转运废气	输运车辆采用覆盖防风抑尘网或洒水抑尘；加强输运设施密封；原料场出口配备车轮清洗（扫）装置；收集送除尘装置处理（喷淋系统、旋风除尘、袋式除尘、旋风除尘+袋式除尘等）
3	玉米淀粉生产的分离机	分离废气	加强密闭；收集送处理（碱液喷淋等）
4	小麦淀粉生产的积粉仓、输运设施、筒仓	投面废气	加强密闭；收集送除尘装置处理（喷淋系统、旋风除尘、袋式除尘、旋风除尘+袋式除尘等）
5	小麦淀粉生产的筛分机、输运设施、和面机；淀粉制品生产的打浆机或和面机	和面废气	加强密闭；收集送除尘装置处理（喷淋系统、旋风除尘、袋式除尘、旋风除尘+袋式除尘等）
6	葡萄糖酸盐生产的反应罐	反应废气	加强密闭；收集送除尘装置处理（喷淋系统、旋风除尘、袋式除尘、旋风除尘+水幕除尘、旋风除尘+袋式除尘等）
7	淀粉糖生产、葡萄糖酸盐生产、变性淀粉生产的过滤机	过滤废气	加强密闭；收集送除尘装置处理（喷淋系统、旋风除尘、袋式除尘、旋风除尘+水幕除尘、旋风除尘+袋式除尘等）
8	变性淀粉生产洗涤环节的储浆装置	储浆废气	加强密闭；收集送处理装置处理（吸收、吸附、冷凝、焚烧等）
9	包装线	包装废气	加强密闭；回用到生产前端；收集后送除尘装置处理（喷淋系统、旋风除尘、袋式除尘、旋风除尘+袋式除尘等）
10	产品仓库	存储废气	仓库周围设置挡尘棚、采取洒水等降尘措施；加强密封；地面采取排水、硬化防渗措施
11	煤场	煤场煤尘	煤场周围设置防风抑尘网、厂内设置挡尘棚、采取洒水等降尘措施
12	液氨储罐	逸散废气	阀门和管道防泄漏管控、定期检测，加强在装载过程中的气体检测
13	厂内综合污水处理站	污水处理、污泥堆放和处理臭气	产臭区域投放除臭剂；产臭区域加罩或加盖；采用引风机将臭气引至除臭装置处理

注：[a] 淀粉工业排污单位针对含有的废气产污环节，至少应采取表中所列的措施之一。

[b] 淀粉工业排污单位执行严于国家标准的地方标准时，可参照执行重点地区无组织排放控制要求。

5.2.5 其他

新、改、扩建项目的环境影响评价文件或地方相关规定中有原辅材料、燃料等其他污染防治强制要求的，还应根据环境影响评价文件或地方相关规定，明确其他需要落实的污染防治要求。

6 污染防治可行技术要求

6.1 一般原则

本标准所列污染防治可行技术及运行管理要求可作为环境保护主管部门对排污许可证申请材料审核的参考。对于淀粉工业排污单位采用本标准所列污染防治可行技术的，原则上认为具备符合规定的污染防治设施或污染物处理能力。

对于未采用本标准所列污染防治推荐可行技术的，排污单位应当在申请时提供相关证明材料（如已有监测数据；对于国内外首次采用的污染治理技术，还应当提供中试数据等说明材料），证明可达到与污染防治可行技术相当的处理能力。

对不属于污染防治可行技术的污染治理技术，排污单位应当加强自行监测、台账记录，评估达标可行性。待淀粉工业等相关行业污染防治可行技术指南发布后，从其规定。

6.2 废水

6.2.1 可行技术

淀粉工业废水污染防治可行技术参照表 7。

6.2.2 运行管理要求

淀粉工业排污单位应当按照相关法律法规、标准和技术规范等要求运行水污染防治设施并进行维护和管理，保证设施运行正常，处理、排放水污染物符合相关国家或地方污染物排放标准的规定。

1）应进行雨污分流、清污分流、污污分流、冷热分流，分类收集、分质处理，循环利用，污染物稳定达到排放标准要求。

2）加热器、蒸发罐等的清洗用水应回收利用。

表 7 淀粉工业排污单位废水治理可行技术

废水类别	污染物种类	排放去向	污染物排放监控位置	可行技术[a]	
				一般排污单位	执行特别排放限值排污单位
生活污水	pH 值、悬浮物、五日生化需氧量（BOD_5）、化学需氧量（COD_{Cr}）、氨氮、总氮、总磷	直接排放[b]	生活污水排放口	预处理：除油、沉淀、过滤 二级处理+除磷处理	预处理：除油、沉淀、过滤 二级处理+除磷处理 深度处理：生物滤池、过滤、混凝沉淀（或澄清）等
厂内综合污水处理站的综合污水（生产废水、生活污水、初期雨水等）	pH 值、悬浮物、五日生化需氧量（BOD_5）、化学需氧量（COD_{Cr}）、氨氮、总氮、总磷、总氰化物（以木薯为原料的淀粉生产）	直接排放[b]	排污单位废水总排放口	预处理：除油、沉淀、过滤 二级处理+化学除磷：厌氧（UASB、EGSB、IC 等）+好氧+化学除磷	预处理：除油、沉淀、过滤 二级处理+化学除磷：厌氧（UASB、EGSB、IC 等）+好氧+化学除磷 深度处理：生物滤池、过滤、混凝沉淀（或澄清）等
		间接排放[c]		预处理：除油、沉淀、过滤等 二级处理：厌氧（UASB、EGSB、IC 等）+好氧	预处理：除油、沉淀、过滤等 二级处理+化学除磷：厌氧（UASB、EGSB、IC 等）+好氧+化学除磷等

注：[a] 排污单位针对排放的废水类别，至少应采取表中所列的措施之一。

[b] 直接排放指直接进入江河、湖、库等水环境、直接进入海域、进入城市下水道（再入江河、湖、库）、进入城市下水道（再入沿海海域），以及其他直接进入环境水体的排放方式。

[c] 间接排放指进入城镇污水集中处理设施、进入工业废水集中处理设施，以及其他间接进入环境水体的排放方式。

3）应分别建立冷凝器冷凝水闭合循环系统、汽轮机冷却水循环系统、锅炉冲灰水循环系统及其他废水循环系统，提高废水循环利用率。

4）净化过滤应减少滤布洗水产生量，提高滤布洗水循环利用率，企业应根据自身生产状况选择无滤布真空吸滤机、全自动隔膜压滤机等高效、节能、节水设备。

5）蒸发、烘干工段应根据企业自身生产状况选择喷雾真空冷凝器等高效节水设备。

6）薯类淀粉生产废水土地利用时应进行前处理，消除异味，按国家和地方有关法律法规、标准及技术规范文件要求实施。

6.3 废气

6.3.1 可行技术

淀粉工业排污单位产生的废气主要来源于锅炉废气、净化废气、燃硫废气、浸泡废气、洗涤废气、粉碎废气、投料废气、反应废气、加药废气、干燥废气、冷却废气、筛分废气、废热利用废气等。

淀粉工业废气治理可行技术参照表 8。

6.3.2 运行管理要求

淀粉工业排污单位应当按照相关法律法规、标准和技术规范等要求运行大气污染防治设施并进行维护和管理，保证设施运行正常，处理、排放大气污染物符合相关国家或地方污染物排放标准的规定。

6.3.2.1 有组织排放控制要求

1）环保设施应与其对应的生产工艺设备同步运转，保证在生产工艺设备运行波动情况下仍能正常运转，实现达标排放。

2）加强除尘设备巡检，消除设备隐患，保证正常运行。袋式除尘器应安装差压计，及时更换袋式除尘器滤袋，保证滤袋完整无破损。电除尘器应定期检修维护极板、极丝、振打清灰装置。

3）加强除臭设备巡检，消除设备隐患，保证正常运行。活性炭吸附装置定期更换活性炭，提高活性炭吸附率。采用生物法除臭的定期添加药剂、控制 pH 值和温度等。

表 8 淀粉工业排污单位废气治理可行技术

产排污环节	废气类别	污染控制项目	可行技术[a]
玉米淀粉生产的玉米清理筛	净化废气	颗粒物	袋式除尘；旋风除尘+袋式除尘
喷浆玉米皮粉碎机、薯渣粉碎机	粉碎废气	颗粒物	袋式除尘；旋风除尘+袋式除尘
玉米淀粉生产的燃硫设备	燃硫废气	二氧化硫	全自动燃硫设备；二级吸收塔+碱液喷淋；两级吸收塔+真空吸收机；两级吸收塔+过氧化氢喷淋
玉米淀粉生产的浸泡装置	浸泡废气	二氧化硫	碱液喷淋
玉米淀粉生产胚芽分离的破碎机、纤维分离的精磨	破碎废气	二氧化硫	碱液喷淋
玉米淀粉生产的胚芽洗涤装置、纤维洗涤装置	洗涤废气	二氧化硫	碱液喷淋
玉米淀粉生产的干燥机或烘干机（废热不利用）及风送系统	干燥废气	颗粒物、二氧化硫	袋式除尘+碱液喷淋；旋风除尘+水幕除尘+碱液喷淋
除玉米淀粉生产以外其他生产的干燥机或烘干机及风送系统	干燥废气	颗粒物	水幕除尘[b]；袋式除尘；旋风除尘+袋式除尘
冷却装置	冷却废气	颗粒物	水幕除尘[b]；袋式除尘；旋风除尘+袋式除尘
成品筛	筛分废气	颗粒物	袋式除尘；旋风除尘+袋式除尘
淀粉糖生产的投料机	投料废气	颗粒物	袋式除尘；旋风除尘+袋式除尘
变性淀粉生产中预处理的调浆罐（或釜）、混合机	加药废气	氯化氢、非甲烷总烃、颗粒物	碱液喷淋；过氧化氢喷淋
变性淀粉生产中反应环节的连续加药混合机、反应罐	反应废气	氯化氢、非甲烷总烃、颗粒物	碱液喷淋；过氧化氢喷淋
玉米淀粉生产中废热利用装置	废热利用废气	二氧化硫	袋式除尘+碱液喷淋；旋风除尘+水幕除尘+碱液喷淋

产排污环节	废气类别	污染控制项目	可行技术[a]
锅炉	燃烧废气（执行 GB 13271 表 1）	颗粒物	电除尘；袋式除尘；湿式除尘
		二氧化硫	石灰石/石灰-石膏等湿法脱硫；喷雾干燥法脱硫；循环流化床法脱硫
		氮氧化物	—
		汞及其化合物	高效除尘脱硫脱氮脱汞一体化技术
	燃烧废气（执行 GB 13271 表 2）	颗粒物	电除尘技术；袋式除尘技术；陶瓷旋风除尘技术
		二氧化硫	石灰石/石灰-石膏等湿法脱硫技术；喷雾干燥法脱硫技术；循环流化床法脱硫技术
		氮氧化物	低氮燃烧；选择性非催化还原脱硝（SNCR）
		汞及其化合物	高效除尘脱硫脱氮脱汞一体化技术
	燃烧废气（执行 GB 13271 表 3）	颗粒物	四电场以上电除尘；袋式除尘
		二氧化硫	石灰石/石灰-石膏等湿法脱硫；喷雾干燥法脱硫；循环流化床法脱硫
		氮氧化物	低氮燃烧；选择性催化还原脱硝（SCR）
		汞及其化合物	高效除尘脱硫脱氮脱汞一体化技术

注：[a] 淀粉工业排污单位针对含有的废气产排污环节，至少应采取表中所列的措施之一。

[b] 适用于淀粉糖、葡萄糖酸盐生产。

4）不应设置烟气旁路通道，已设置的大气污染源烟气旁路通道应予以拆除或实行旁路挡板铅封。

6.3.2.2 无组织排放控制要求

1）原料装卸场应覆盖防风抑尘网或洒水抑尘，或者加强密封，或者收集送除尘装置处理（喷淋系统、旋风除尘、袋式除尘、旋风除尘+袋式除尘等）。

2）输运车辆采用覆盖防风抑尘网或洒水抑尘，或者加强输运设施密封，或者原料场出口配备车轮清洗（扫）装置，或者收集送除尘装置处理（喷淋系统、旋风除尘、袋式除尘、旋风除尘+袋式除尘等）。

3）玉米淀粉生产的分离机应加强密闭，或者收集送处理（碱液喷淋等）。

4）投面、和面、反应、过滤、包装废气应加强密闭，或者收集送除尘装置处理（喷淋系统、旋风除尘、袋式除尘、旋风除尘+水幕除尘、旋风除尘+袋式除尘等）。包装废气还可以回用到生产前端。

5）变性淀粉生产的储浆废气应加强密闭，或者收集送处理（吸收、吸附、冷凝、焚烧等）。

6）产品仓库应在周围设置挡尘棚、采取洒水等降尘措施，或者加强密封，或者地面采取排水、硬化防渗措施，避免地下水污染及发霉腐烂产生恶臭气体。

7）露天储煤场应配备防风抑尘网、厂内设置挡尘棚、采取洒水、苫盖等降尘措施，且防风抑尘网不得有明显破损。煤粉等粉状物料须采用筒仓等封闭式料库存储。其他易起尘物料应苫盖。

8）液氨储罐加强阀门和管道防泄漏管控，定期开展泄漏检测，并加强在装载过程中的气体检测。

9）厂内综合污水处理站污水处理、污泥堆放和处理中，应对产臭区域投放除臭剂，或者加罩或加盖，或者采用引风机将臭气引至除臭装置处理。

6.4 固体废物管理要求

1）生产车间产生的玉米皮渣、薯皮、薯渣、滤泥、淀粉渣、糖化废渣、落地粉、母液等应尽可能进行综合利用。

2）生产车间产生的废活性炭、废树脂、废石棉、厂内实验室固体废物以及其他固体废物，应进行分类管理并及时处理处置，危险废物应委托有资质的相关单位进行处理。

3）污水处理产生的污泥应及时处理处置，并达到相应的污染物排放或控制标准要求。

4）加强污泥处理处置各个环节（收集、储存、调节、脱水和外运等）的运行管理，污泥暂存场所地面应采取防渗漏措施。

5）应记录固体废物产生量和去向（处理、处置、综合利用或外运）及相应量。

6）危险废物应按规定严格执行危险废物转移联单制度。

7 自行监测管理要求

7.1 一般原则

淀粉工业排污单位在申请排污许可证时，应当按照本标准确定的产排污节点、排放口、污染控制项目及许可限值等要求，制定自行监测方案，并在排污许可证申请表中明确。农副食品加工业排污单位自行监测技术指南发布后，自行监测方案的制定从其要求。淀粉工业排污单位中的锅炉自行监测方案按照 HJ 820 制定。

有核发权的地方环境保护主管部门可根据环境质量改善需求，增加淀粉工业排污单位自行监测管理要求。对于 2015 年 1 月 1 日（含）后取得环境影响评价文件批复的淀粉工业排污单位，其环境影响评价文件批复中有其他自行监测管理要求的，应当同步完善淀粉工业排污单位自行监测管理要求。

7.2 自行监测方案

自行监测方案中应明确淀粉工业排污单位的基本情况、监测点位、监测指标、执行排放标准及其限值、监测频次、监测方法和仪器、采样方法、监测质量控制、监测点位示意图、监测结果公开时限等。对于采用自动监测的排污单位，应当如实填报采用自动监测的污染物指标、自动监测系统联网情况、自动监测系统的运行维护情况等；对于无自动监测的大气污染物和水污染物指标，排污单位应当填报开展手工监测的污染物排放口、监测点位、监测方法、监测频次等。

7.3 自行监测要求

淀粉工业排污单位可自行或委托第三方监测机构开展监测工作，并安排专人专职对监测数据进行记录、整理、统计和分析。对监测结果的真实性、准确性、完整性负责。手工监测时，生产负荷应不低于本次监测与上一次监测周期内的平均生产负荷。

7.3.1 监测内容

自行监测污染源和污染物应包括排放标准中涉及的各项废气、废水污染源和污染物。淀粉工业排污单位应当开展自行监测的污染源包括产生有组织废气、无组织废气、生产废水、生活污水等的全部污染源。废水污染物包括 GB 25461 及执行的其他相关标准中规定的全部因子。废气污染物包括颗粒物、二氧化硫、氮氧化物、臭气浓度、氨、硫化氢等。同时对雨水中化学需氧量、悬浮物开展监测。

7.3.2 监测点位

淀粉工业排污单位自行监测点位包括外排口、无组织排放监测点、内部监测点、周边环境影响监测点等。

7.3.2.1 废水排放口

按照排放标准规定的监控位置设置废水排放口监测点位，废水排放口应符合《排污口规范化整治技术要求（试行）》、HJ/T 91 和地方相关标准等的要求，水量（不包括间接冷却水等清下水）大于 100 t/d 的，应安装自动测流设施并开展流量自动监测。

排放标准规定的监控位置为废水总排放口，在废水总排放口采样。排放标准中规定的监控位置为排污单位废水总排放口的污染物，废水直接排放的，在排污单位的排放口采样；废水间接排放的，在排污单位的污水处理设施排放口后、进入公共污水处理系统前的用地红线边界位置采样。单独排向城镇污水集中处理设施的生活污水不需监测。

选取全厂雨水排放口开展监测。对于有多个雨水排放口的排污单位，对全部雨水排放口开展监测。雨水监测点位设在厂内雨水排放口后、排污单位用地红线边界位置。在雨水排放口有流量的前提下进行采样。

7.3.2.2 废气排放口

各类废气污染源通过烟囱或排气筒等方式排放至外环境的废气，应在烟囱或排气筒上设置废气排放口监测点位。点位设置应满足 GB/T 16157、

HJ 75 等技术规范的要求。净烟气与原烟气混合排放的，应在排气筒或烟气汇合后的混合烟道上设置监测点位；净烟气直接排放的，应在净烟气烟道上设置监测点位。

废气监测平台、监测断面和监测孔的设置应符合 HJ 76、HJ/T 397 等的要求，同时监测平台应便于开展监测活动，应能保证监测人员的安全。

7.3.2.3 **无组织排放**

淀粉工业排污单位应设置废气无组织排放监测点位，无组织排放监控位置为厂界。

7.3.2.4 **内部监测点位**

当排放标准中有污染物去除效率要求时，应在相应污染物处理设施单元的进出口设置监测点位。

当环境管理有要求，或排污单位认为有必要的，可以在排污单位内部设置监测点，监测与污染物浓度密切相关的关键工艺参数等。

7.3.2.5 **周边环境影响监测点**

对于 2015 年 1 月 1 日（含）后取得环境影响评价批复的排污单位，周边环境质量影响监测点位按照环境影响评价文件的要求设置。

7.4 **监测技术手段**

自行监测的技术手段包括手工监测、自动监测两种类型，淀粉工业排污单位可根据监测成本、监测指标以及监测频次等内容，合理选择适当的技术手段。

根据《关于加强京津冀高架源污染物自动监控有关问题的通知》中的相关内容，京津冀地区及传输通道城市淀粉工业排污单位各排放烟囱超过 45 m 的高架源应安装污染源自动监控设备。鼓励其他排放口及污染物采用自动监测设备监测，无法开展自动监测的，应采用手工监测。

7.5 **监测频次**

采用自动监测的，全天连续监测。淀粉工业排污单位应按照 HJ 75 开展自动监测数据的校验比对。按照《污染源自动监控设施运行管理办法》的要求，自动监测设施不能正常运行期间，应按要求将手工监测数据向环境保护主管部门报送，每天不少于 4 次，间隔不得超过 6 小时。

采用手工监测的，监测频次不能低于国家或地方发布的标准、规范性文件、环境影响评价文件及其批复等明确规定的监测频次；污水排向敏感水体或接近集中式饮用水水源、废气排向特定的环境空气质量功能区的应适当增加监测频次；排放状况波动大的，应适当增加监测频次；历史稳定达标状况较差的应增加监测频次。

排污单位应参照表 9、表 10、表 11 确定自行监测频次，地方根据规定可相应加密监测频次。

表 9　废水排放口及污染物最低监测频次

<table>
<tr><th rowspan="2">监测点位</th><th rowspan="2" colspan="2">污染物指标</th><th colspan="2">监测频次[a]</th></tr>
<tr><th>直接排放</th><th>间接排放</th></tr>
<tr><td rowspan="9">重点管理单位废水排放口[b]</td><td rowspan="4">废水总排放口</td><td>流量、pH 值、化学需氧量、氨氮</td><td>自动监测</td><td>自动监测</td></tr>
<tr><td>五日生化需氧量、悬浮物、总氰化物[c]、溶解性总固体[d]</td><td>月</td><td>季度</td></tr>
<tr><td>总氮</td><td>日/自动监测[e]</td><td>日/自动监测[e]</td></tr>
<tr><td>总磷</td><td>自动监测</td><td>自动监测</td></tr>
<tr><td rowspan="4">生活污水排放口</td><td>流量、pH 值、化学需氧量、氨氮</td><td>自动监测</td><td>/</td></tr>
<tr><td>五日生化需氧量、悬浮物</td><td>月</td><td>/</td></tr>
<tr><td>总氮</td><td>日/自动监测[e]</td><td>/</td></tr>
<tr><td>总磷</td><td>自动监测</td><td>/</td></tr>
<tr><td>雨水排放口</td><td>化学需氧量、悬浮物</td><td>日[f]</td><td>/</td></tr>
<tr><td rowspan="3">简化管理单位废水排放口[b]</td><td rowspan="2">废水总排放口</td><td>流量、pH 值、悬浮物、化学需氧量、氨氮、总氮、总磷、五日生化需氧量、总氰化物[c]</td><td>季度</td><td>半年</td></tr>
<tr><td>溶解性总固体[d]</td><td>半年</td><td>/</td></tr>
<tr><td>生活污水排放口</td><td>流量、pH 值、化学需氧量、氨氮、五日生化需氧量、悬浮物、总氮、总磷</td><td>季度</td><td>/</td></tr>
</table>

注：[a] 设区的市级及以上环境保护主管部门明确要求安装自动监测设备的污染物指标，须采取自动监测。季节性生产的企业，应在生产期和非生产期但有污水排放的时间段内监测。

[b] 重点管理与简化管理的排污单位依据《固定污染源排污许可分类管理名录》确定；废水总排放口监测指标和监测频次根据所执行的排放标准或当地环境管理要求参照本表确定。

[c] 适用于以木薯为原料的淀粉生产排污单位。

[d] 含有变性淀粉、结晶果糖等生产工序的排污单位可选测。

[e] 总氮目前最低监测频次按日执行，待总氮自动监测技术规范发布后，须采取自动监测。

[f] 排放口有流动水排放时开展监测，排放期间按日监测。如监测一年无异常情况，每季度第一次有流动水排放开展按日监测。

表 10 有组织废气排放口污染物指标及最低监测频次

生产设施	监测点位	监测指标[a]	监测频次[b]
玉米淀粉生产的玉米清理筛	清理筛排气筒	颗粒物	半年
喷浆玉米皮粉碎机、薯渣粉碎机	粉碎机排气筒	颗粒物	半年
玉米淀粉生产的燃硫设备	燃硫设备排气筒	二氧化硫	半年
玉米淀粉生产的浸泡装置	浸泡装置排气筒	二氧化硫	半年
投料、干燥或烘干及风送、冷却、筛分装置	物料破碎或去皮、投料、干燥或烘干及风送、筛分装置或车间排气筒	颗粒物、二氧化硫[c]	半年
玉米淀粉生产胚芽分离的破碎机、纤维分离的精磨、胚芽洗涤装置、纤维洗涤装置、废热利用装置	破碎机、精磨、洗涤装置、废热利用装置的排气筒	二氧化硫	半年
变性淀粉生产中预处理的调浆罐（或釜）、混合机，反应环节的连续加药混合机、反应罐	预处理装置、反应装置或车间排气筒	氯化氢、非甲烷总烃、颗粒物	半年

注：[a] 有组织废气监测须同步监测烟气参数。

[b] 季节性生产的企业，应在生产期和非生产期但有废气排放的时间段内监测。

[c] 适用于玉米淀粉生产的干燥机或烘干机及风送系统，且废热不利用的情况。

表 11 无组织废气污染物最低监测频次

排污单位类型	监测点位	监测指标[a]	监测频次[b,c]
有生化污水处理的排污单位	厂界	臭气浓度[d]、硫化氢、氨	半年
有氨制冷系统或液氨储罐的排污单位	厂界	氨	半年
所有排污单位	厂界	臭气浓度[d]、非甲烷总烃	半年

注：[a] 无组织废气监测须同步监测气象因子。

[b] 若周边有环境敏感点，或监测结果超标的，应适当增加监测频次。

[c] 季节性生产的企业，应在生产期和非生产期但有废气排放的时间段内监测。

[d] 根据环境影响评价文件及其批复文件以及生产原料、工艺等，排污单位可选测其他臭气污染物。

7.6 采样和测定方法

7.6.1 自动监测

废水自动监测参照 HJ/T 353、HJ/T 354 和 HJ/T 355 执行。

废气自动监测参照 HJ 75、HJ 76 执行。

7.6.2 手工采样

废水手工采样方法的选择参照 HJ 494、HJ 495 和 HJ/T 91 执行。

废气手工采样方法的选择参照 GB/T 16157、HJ/T 397 执行。

无组织排放采样方法参照 HJ/T 55 执行。

7.6.3 测定方法

废水、废气污染物的测定按照相应排放标准中规定的测定方法标准执行，国家或地方法律法规等另有规定的，从其规定。

7.7 数据记录要求

监测期间手工监测的记录和自动监测运维记录按照 HJ 819 执行。应同步记录监测期间的生产工况。

7.8 监测质量保证与质量控制

按照 HJ 819、HJ/T 373 要求，淀粉工业排污单位应当根据自行监测方案及开展状况，梳理全过程监测质控要求，建立自行监测质量保证与质量控制体系。

8 环境管理台账记录及排污许可执行报告编制要求

8.1 环境管理台账记录要求

8.1.1 一般原则

淀粉工业排污单位在申请排污许可证时，应按本标准规定，在排污许可证申请表中明确环境管理台账记录要求。有核发权的地方环境保护主管部门可以依据法律法规、标准规范增加和加严记录要求。排污单位也可自行增加和加严记录要求。

淀粉工业排污单位应建立环境管理台账记录制度，落实环境管理台账记录的责任部门和责任人，明确工作职责，包括台账的记录、整理、维护和管理等，并对环境管理台账的真实性、完整性和规范性负责。一般按日或按批次进行记录，异常情况应按次记录。

实施简化管理的排污单位，其环境管理台账内容可适当缩减，至少记录污染防治设施运行管理信息和监测记录信息，记录频次可适当降低。

环境管理台账应当按照电子台账和纸质台账两种记录形式同步管理。

8.1.2 记录内容

淀粉工业排污单位环境管理台账应真实记录基本信息、生产设施运行管理信息和污染防治设施运行管理信息、监测记录信息及其他环境管理信息等，参照附录 A。生产设施、污染防治设施、排放口编码应与排污许可证副本中载明的编码一致。

8.1.2.1 基本信息

包括排污单位生产设施基本信息、污染防治设施基本信息。

a）生产设施基本信息

设施名称（清理筛、反应罐、干燥器等）、编码、主要技术参数及设计值等。

b）污染防治设施基本信息

设施名称（除尘设施、脱硫设施、脱硝设施、污水处理设施等）、编码、设施规格型号（标牌型号）、相关技术参数及设计值。对于防渗漏、防泄漏等污染防治措施，还应记录落实情况及问题整改情况等。

8.1.2.2 生产设施运行管理信息

包括原料系统、主体生产、公用单元等的生产设施运行管理信息，至少记录以下内容：

a）正常工况

1）运行状态：是否正常运行，主要参数名称及数值。

2）生产负荷：主要产品产量与设计生产能力之比。

3）主要产品产量：名称、产量。

4）原辅料：名称、用量、硫元素占比、有毒有害物质及成分占比（如有）。

5）燃料：名称、用量、硫元素占比、热值等。

6）其他：用电量等。

b）非正常工况

起止时间、产品产量、原辅料及燃料消耗量、事件原因、应对措施、是否报告等。

对于无实际产品、燃料消耗、非正常工况的辅助工程及储运工程的相关生产设施，仅记录正常工况下的运行状态和生产负荷信息。

8.1.2.3 污染防治设施运行管理信息

包括废气、废水污染治理设施的运行管理信息，至少记录以下内容：

a）正常情况

运行情况、主要药剂添加情况等。

1）运行情况：是否正常运行；治理效率、副产物产生量等；主要药剂（吸附剂）添加情况：添加（更换）时间、添加量等。

有组织废气治理设施应记录以下内容：

袋式除尘器：除尘器进出口压差、过滤风速、风机电流、实际风量。

旋风除尘器：风机电流，实际风量。

静电除尘器：二次电压、二次电流、风机电流、实际风量。

碱液喷淋吸收处理：碱用量，实际风量。

过氧化氢喷淋处理：过氧化氢用量，实际风量。

水幕除尘：循环水量，水泵电机电流，干物含量，实际风量。

喷淋洗涤：循环水量，水泵电机电流，干物含量，实际风量。

电袋复合除尘器：除尘器进出口压差、过滤风速、风机电流、二次电压、二次电流、风机电流、实际风量。

脱硫系统：标态烟气量、原烟气二氧化硫浓度（标态）、净烟气二氧化硫浓度（标态）、脱硫剂用量、脱硫副产物产量。

脱硝系统：标态烟气量、原烟气氮氧化物浓度（标态）、净烟氮氧化物浓度（标态）、脱硝剂用量。

无组织废气治理设施应记录以下内容：厂区降尘洒水次数、抑尘剂种类、车轮清洗（扫）方式、原料或产品场地封闭、遮盖情况、是否出现破损。

废水治理设施应记录以下内容：废水处理能力（t/d）、运行参数（包括运行工况等）、废水排放量、废水回用量、污泥产生量及运行费用（元/t）、滤泥量及去向、出水水质（各因子浓度和水量等）、排水去向及受纳水体、排入的污水处理厂名称等。

2）涉及 DCS 系统的，要求每周记录彩色 DCS 曲线图（除尘、脱硫、脱硝各一张），注明生产线编号，量程合理，每个参数按照统一的颜色画出曲线。曲线应至少包括以下内容：

脱硫 DCS 曲线：负荷、烟气量、氧含量、原烟气二氧化硫浓度、净烟气二氧化硫浓度、烟气出口温度等。

脱硝 DCS 曲线：负荷、烟气量、氧含量、总排口氮氧化物浓度、脱硝设施入口氨流量、脱硝设施入口烟气温度。

除尘 DCS 曲线：负荷、烟气量、氧含量、原烟气颗粒物浓度、净烟气颗粒物浓度、烟气出口温度。

b）异常情况

起止时间、污染物排放浓度、异常原因、应对措施、是否报告等。

8.1.2.4 监测记录信息

a）按照本标准 7.7 执行，待农副食品加工业排污单位自行监测技术指南发布后，从其规定。

b）监测质量控制按照 HJ/T 373 和 HJ 819 等规定执行。

8.1.2.5 其他环境管理信息

a）无组织废气污染防治措施管理维护信息

管理维护时间及主要内容等。

b）特殊时段环境管理信息

具体管理要求及其执行情况。

c）其他信息

法律法规、标准规范确定的其他信息，企业自主记录的环境管理信息。

8.1.2.6 简化管理要求

实行简化管理的淀粉工业排污单位，环境管理台账主要记录基本信息和生产及治理设施运行管理信息。

基本信息台账主要包括企业名称、法人代表、社会统一信用代码、地址、生产规模、许可证编号、生产及治理设施名称、规格型号、设计生产及污染物处理能力等。

生产及治理设施运行管理信息台账主要包括运行状态、产品产量、原辅料及燃料使用情况、污染物排放情况等。

无组织排放源应记录治理措施运行、维护情况。

原则上台账记录内容可反映淀粉工业排污单位生产运营及污染治理状况。

8.1.3 记录频次

本标准规定了基本信息、生产设施运行管理信息、污染防治设施运行管理信息、监测记录信息、其他环境管理信息的记录频次。

8.1.3.1 基本信息

对于未发生变化的基本信息，按年记录，1 次/年；对于发生变化的基本信息，在发生变化时记录 1 次。

8.1.3.2 生产设施运行管理信息

a）正常工况

1）运行状态：一般按日或批次记录，1 次/日或批次。

2）生产负荷：一般按日或批次记录，1 次/日或批次。

3）产品产量：连续生产的，按日记录，1 次/日。非连续生产的，按照生产周期记录，1 次/周期；周期小于 1 天的，按日记录，1 次/日。

4）原辅料：按照采购批次记录，1 次/批。

5）燃料：按照采购批次记录，1 次/批。

b）非正常工况

按照工况期记录，1 次/工况期。

8.1.3.3 污染防治设施运行管理信息

a）正常情况

1）运行情况：按日记录，1 次/日。

2）主要药剂添加情况：按日或批次记录，1 次/日或批次。

3）DCS 曲线图：按月记录，1 次/月。

b）异常情况

按照异常情况期记录，1 次/异常情况期。

8.1.3.4 监测记录信息

按照本标准 7.7 执行，待农副食品加工业排污单位自行监测技术指南发布后，从其规定。

8.1.3.5 其他环境管理信息

a）废气无组织污染防治措施管理信息

按日记录，1 次/日。

b）特殊时段环境管理信息

按照 8.1.3.1～8.1.3.4 规定频次记录；对于停产或错峰生产的，原则上仅对停产或错峰生产的起止日期各记录 1 次。

c）其他信息

依据法律法规、标准规范或实际生产运行规律等确定记录频次。

8.1.3.6 简化管理要求

实行简化管理的排污单位可按月记录废气无组织污染防治措施管理信息，除此之外，其他记录频次按照 8.1.3.1～8.1.3.5 中相关要求执行。

8.1.4 记录存储及保存

8.1.4.1 纸质存储

应将纸质台账存放于保护袋、卷夹或保护盒等保存介质中；由专人签字、定点保存；应采取防光、防热、防潮、防细菌及防污染等措施；如有破损应及时修补，并留存备查；保存时间原则上不低于 3 年。

8.1.4.2 电子化存储

应存放于电子存储介质中，并进行数据备份；可在排污许可管理信息平台填报并保存；由专人定期维护管理；保存时间原则上不低于 3 年。

8.2 排污许可证执行报告编制要求

8.2.1 报告周期

按报告周期分为年度执行报告、季度执行报告和月度执行报告。排污单位按照排污许可证规定的时间提交执行报告，实行重点管理的排污单位应提交年度执行报告和季度执行报告，实行简化管理的排污单位应提交年度执行报告。地方环境保护主管部门根据环境管理需求，可要求排污单位上报季度/月度执行报告，并在排污许可证中明确。排污单位按照排污许可证规定的时间提交执行报告。

8.2.1.1 年度执行报告

对于持证时间超过三个月的年度，报告周期为当年全年（自然年）；对于持证时间不足三个月的年度，当年可不提交年度执行报告，排污许可证执行情况纳入下一年度执行报告。

8.2.1.2 季度执行报告

对于持证时间超过一个月的季度，报告周期为当季全季（自然季度）；对于持证时间不足一个月的季度，该报告周期内可不提交季度执行报告，排污许可证执行情况纳入下一季度执行报告。

8.2.2 编制流程

包括资料收集与分析、编制、质量控制、提交四个阶段，具体要求按照 HJ 944 执行。

8.2.3 编制内容

排污单位应对提交的排污许可证执行报告中各项内容和数据的真实性、有效性负责，并自愿承担相应法律责任；应自觉接受环境保护主管部门监管和社会公众监督，如提交的内容和数据与实际情况不符，应积极配合调查，并依法接受处罚。

排污单位应对上述要求作出承诺，并将承诺书纳入执行报告中。执行报告封面格式参见 HJ 944 附录 C，编写提纲参见 HJ 944 附录 D。

8.2.3.1 年度执行报告

年度执行报告内容应包括：

1）排污单位基本情况；

2）污染防治设施运行情况；

3）自行监测执行情况；

4）环境管理台账记录执行情况；

5）实际排放情况及合规判定分析；

6）信息公开情况；

7）排污单位内部环境管理体系建设与运行情况；

8）其他排污许可证规定的内容执行情况；

9）其他需要说明的问题；

10）结论；

11）附图附件要求。

具体内容要求参见 HJ 944 的 5.3.1，实际排放量核算按照本标准规定方法进行。表格形式参见本标准附录 B。

8.2.3.2 季度执行报告

季度执行报告内容应包括污染物实际排放浓度和排放量、合规判定分析、超标排放或污染防治设施异常情况说明等内容，以及各月度生产小时数、主要产品及其产量、主要原料及其消耗量、新水用量及废水排放量、主要污染物排放量等信息。

8.2.3.3 简化管理要求

实行简化管理的排污单位，年度执行报告内容应至少包括排污单位基本情况、污染防治设施运行情况、自行监测执行情况、环境管理台账执行情况、实际排放情况及合规判定分析、结论等。

具体内容要求参见 HJ 944 中 5.3.3，实际排放量核算按照本标准规定方法进行。表格形式参见本标准附录 B。

9 实际排放量核算方法

9.1 一般原则

淀粉工业排污单位的废水、废气污染物在核算时段内的实际排放量等于正常情况与非正常情况实际排放量之和。核算时段根据管理需求，可以是季度、年或特殊时段等。淀粉工业排污单位的废水污染物在核算时段内的实际排放量等于主要排放口的实际排放量。淀粉工业排污单位的废气污染物在核算时段内的实际排放量等于主要排放口的实际排放量，即各主要排放口实际排放量之和，不核算一般排放口和无组织排放的实际排放量。

淀粉工业排污单位的废水、废气污染物在核算时段内正常情况下的实际排放量首先采用实测法核算，分为自动监测实测法和手工监测实测法。对于排污许可证中载明的要求采用自动监测的污染物项目，应采用符合监测规范的有效自动监测数据核算污染物实际排放量。对于未要求采用自动监测的污染物项目，可采用自动监测数据或手工监测数据核算污染物实际排放量。采用自动监测的污染物项目，若同一时段的手工监测数据与自动监测数据不一致，手工监测数据符合法定的监测标准和监测方法的，以手工监测数据为准。要求采用自动监测的排放口或污染物项目而未采用的排放口或污染物，采用物料衡算法核算二氧化硫排放量、产污系数法核算其他污染物排放量，且均按直接排放进行核算。未按照相关规范文件等要求进行手工监测（无有效监测数据）的排放口或污染物，有有效治理设施的按排污系数法核算，无有效治理设施的按产污系数法核算。

淀粉工业排污单位的废气污染物在核算时段内非正常情况下的实际排放量首先采用实测法核算，无法采用实测法核算的，采用物料衡算法核算二氧化硫排放量、产污系数法核算其他污染物排放量，且均按直接排放进行核算。淀粉工业排污单位的废水污染物在核算时段内非正常情况下的实际排放量采用产污系数法核算污染物排放量，且均按直接排放进行核算。

淀粉工业排污单位如含有适用其他行业排污许可技术规范的生产设施，废气污染物的实际排放量为涉及的各行业生产设施实际排放量之和。执行 GB 13271 的生产设施或排放口，暂按《关于发布计算污染物排放量的排污系数和物料衡算方法的公告》附件 1《纳入排污许可管理的火电等 17 个行业污染物排放量计算方法（含排污系数、物料衡算方法）（试行）》中《污染物实际排放量核算方法　制革及毛皮加工工业——制革工业》“3 废气污染物实际排放量核算方法”中锅炉大气污染物实际排放量核算方法核算，待锅炉排污许可证申请与核发技术规范发布后从其规定。淀粉工业排污单位如含有适用其他行业排污许可技术规范的生产设施，废水污染物的实际排放量采用实测法核算时，按本核算方法核算。采用产、排污系数法核算时，实际排放量为涉及的各行业生产设施实际排放量之和。

9.2 废水污染物实际排放量核算方法

9.2.1 正常情况

9.2.1.1 实测法

淀粉工业排污单位废水总排放口装有某项水污染物自动监测设备的，原则上应采取自动监测实测法核算全厂该污染物的实际排放量。废水自动监测实测法是指根据符合监测规范的有效自动监测数据污染物的日平均排放浓度、平均流量、运行时间核算污染物年排放量，核算方法见式（9）。

$$E=\sum_{i=1}^{n}(c_i \times q_i \times 10^{-6}) \tag{9}$$

式中：E——核算时段内主要排放口某项水污染物的实际排放量，t；

c_i——核算时段内主要排放口某项水污染物在第 i 日的自动实测平均排放浓度，mg/L；

q_i——核算时段内主要排放口第 i 日的流量，m^3/d；

n——核算时段内主要排放口的水污染物排放时间，d。

手工监测实测法是指根据每次手工监测时段内每日污染物的平均排放浓度、平均排水量、运行时间核算污染物年排放量，核算方法见式（10）和式（11）。手工监测数据包括核算时间内的所有执法监测数据和排污单位自行或委托的有效手工监测数据。排污单位自行或委托的手工监测频次、监测期间生产工况、数据有效性等须符合相关规范文件等要求。排污单位应将手工监测时段内生产负荷与核算时段内的平均生产负荷进行对比，并给出对比结果。

$$E=c \times q \times h \times 10^{-6} \tag{10}$$

$$c=\frac{\sum_{i=1}^{n}(c_i \times q_i)}{\sum_{i=1}^{n} q_i}，\quad q=\frac{\sum_{i=1}^{n}(q_i)}{n} \tag{11}$$

式中：E——核算时段内主要排放口水污染物的实际排放量，t；

c——核算时段内主要排放口水污染物的实测日加权平均排放浓度，mg/L；

q——核算时段内主要排放口的日平均排水量，m^3/d；

c_i——核算时段内第 i 次监测的日监测浓度，mg/L；

q_i——核算时段内第 i 次监测的日排水量，m^3/d；

n——核算时段内取样监测次数，量纲一；

h——核算时段内主要排放口的水污染物排放时间，d。

对要求采用自动监测的排放口或污染因子，在自动监测数据由于某种原因出现中断或其他情况下，应按照 HJ/T 356 补遗。无有效自动监测数据时，采用手工监测数据进行核算。手工监测数据包括核算时间内的所有执法监测数据和排污单位自行或委托的有效手工监测数据。排污单位自行或委托的手工监测频次、监测期间生产工况、数据有效性等须符合相关规范文件等要求。

9.2.1.2 产污系数法

采用产污系数法核算实际排放量的污染物，按照式（12）核算。

$$E = S \times G \times 10^{-6} \tag{12}$$

式中：E——核算时段内主要排放口某项水污染物的实际排放量，t；

S——核算时段内实际产品产量，t（以商品计）；

G——主要排放口某项水污染物的产污系数，g/t 产品（以商品计），取值参见附录 C。

9.2.2 非正常情况

废水处理设施非正常情况下的排水，如无法满足排放标准要求时，不应直接排入外环境，待废水处理设施恢复正常运行后方可排放。如因特殊原因造成污染治理设施未正常运行超标排放污染物的或偷排偷放污染物的，按产污系数法核算非正常情况期间的实际排放量，计算公式见式（12），式中核算时段为未正常运行时段（或偷排偷放时段）。

9.3 废气污染物实际排放量核算方法

淀粉工业排污单位应按式（13）核算有组织排放颗粒物（烟尘）、二氧化硫、氮氧化物的实际排放量：

$$E_{j,\text{排污单位}}=E_{j,\text{有组织排放}}=E_{j,\text{主要排放口}}=\sum_{i=1}^{n} E_{ij} \tag{13}$$

式中：$E_{j,\text{排污单位}}$——核算时段内排污单位第 j 项大气污染物的实际排放量，t；

$E_{j,\text{有组织排放}}$——核算时段内排污单位有组织排放口第 j 项大气污染物的实际排放量，t；

$E_{j,\text{主要排放口}}$——核算时段内排污单位全部主要排放口第 j 项大气污染物的实际排放量，t；

E_{ij}——核算时段内排污单位第 i 个主要排放口第 j 项大气污染物的实际排放量，t。

其他大气污染物如需核算实际排放量，可以参照式（13）进行核算。

9.3.1 正常情况

9.3.1.1 实测法

自动监测实测法是指根据符合监测规范的有效自动监测数据污染物的小时平均排放浓度、平均烟气量、运行时间核算污染物年排放量，某主要排放口某项大气污染物实际排放量的核算方法见式（14）。

$$E = \sum_{i=1}^{n} (c_i \times q_i \times 10^{-9}) \tag{14}$$

式中：E——核算时段内某主要排放口某项大气污染物的实际排放量，t；

c_i——核算时段内某主要排放口某项大气污染物第 i 小时的自动实测平均排放浓度（标态），mg/Nm^3；

q_i——核算时段内某主要排放口第 i 小时的干排气量（标态），Nm^3/h；

n——核算时段内某主要排放口的大气污染物排放时间，h。

手工监测实测法是指根据每次手工监测时段内每小时污染物的平均排放浓度、平均烟气量、运行时间核算污染物年排放量，核算方法见式（15）和式（16）。手工监测数据包括核算时间内的所有执法监测数据和排污单位自行或委托的有效手工监测数据。排污单位自行或委托的手工监测频次、监测期间生产工况、数据有效性等须符合相关规范文件等要求。排污单位应将手工监测时段内生产负荷与核算时段内的平均生产负荷进行对比，并给出对比结果。

$$E = c \times q \times h \times 10^{-9} \tag{15}$$

$$c = \frac{\sum_{i=1}^{n} (c_i \times q_i)}{\sum_{i=1}^{n} q_i}, \quad q = \frac{\sum_{i=1}^{n} (q_i)}{n} \tag{16}$$

式中：E——核算时段内某主要排放口某项大气污染物的实际排放量，t；

c——核算时段内某主要排放口某项大气污染物的实测小时加权平均排放浓度（标态），mg/Nm³；

q——核算时段内某主要排放口的标准状态下小时平均干排气量，Nm³/h；

c_i——核算时段内第 i 次监测的小时监测浓度（标态），mg/Nm³；

q_i——核算时段内第 i 次监测的标准状态下小时干排气量（标态），Nm³/h；

n——核算时段内取样监测次数，量纲一；

h——核算时段内某主要排放口的大气污染物排放时间，h。

对于因自动监控设施发生故障以及其他情况导致数据缺失的按照 HJ 75 进行补遗。在线监测数据季度有效捕集率不到 75%的，自动监测数据不能作为核算实际排放量的依据，实际排放量按照“要求采用自动监测的排放口或污染物项目而未采用”的相关规定进行核算。排污单位提供充分证据证明自动监测数据缺失、数据异常等不是排污单位责任的，可按照排污单位提供的手工监测数据等核算实际排放量，或者按照上一个半年申报期间稳定运行的自动监测数据小时浓度均值和半年平均烟气量，核算数据缺失时段的实际排放量。其他污染物自动监测数据缺失情形可参照核算，生态环境部另有规定的从其规定。

9.3.1.2 物料衡算法

采用物料衡算法核算锅炉二氧化硫实际排放量的，根据锅炉的燃料消耗量、含硫率，按照《关于发布计算污染物排放量的排污系数和物料衡算方法的公告》附件 1《纳入排污许可管理的火电等 17 个行业污染物排放量计算方法（含排污系数、物料衡算方法）（试行）》中《污染物实际排放量核算方法　制革及毛皮加工工业——制革工业》“3.1.2　物料衡算法”中方法核算。

9.3.1.3 产污系数法

采用产污系数法核算锅炉颗粒物、二氧化硫、氮氧化物实际排放量的，按照《关于发布计算污染物排放量的排污系数和物料衡算方法的公告》附件 1《纳入排污许可管理的火电等 17 个行业污染物排放量计算方法（含排污系数、物料衡算方法）（试行）》中《污染物实际排放量核算方法 制革及毛皮加工工业——制革工业》“3.1.3 产污系数法”中方法核算。

9.3.1.4 排污系数法

采用排污系数法核算锅炉颗粒物、二氧化硫、氮氧化物实际排放量的，按照《关于发布计算污染物排放量的排污系数和物料衡算方法的公告》附件1《纳入排污许可管理的火电等17个行业污染物排放量计算方法（含排污系数、物料衡算方法）（试行）》中《污染物实际排放量核算方法 制革及毛皮加工工业——制革工业》“3.1.4 排污系数法”中方法核算。

9.3.2 非正常情况

淀粉工业锅炉启停机等非正常排放期间污染物排放量可采用实测法核定。无法采用实测法核算的，采用物料衡算法核算二氧化硫排放量、产污系数法核算颗粒物、氮氧化物排放量，且均按直接排放进行核算。

10 合规判定方法

10.1 一般原则

合规是指淀粉工业排污单位许可事项和环境管理要求符合排污许可证规定。许可事项合规是指排污单位排污口位置和数量、排放方式、排放去向、排放污染物种类、排放限值符合排污许可证规定。其中，排放限值合规是指淀粉工业排污单位污染物实际排放浓度和排放量满足许可排放限值要求。环境管理要求合规是指淀粉工业排污单位按排污许可证规定落实自行监测、台账记录、执行报告、信息公开等环境管理要求。

淀粉工业排污单位可通过台账记录、按时上报执行报告和开展自行监测、信息公开，自证其依证排污，满足排污许可证要求。环境保护主管部门可依据排污单位环境管理台账、执行报告、自行监测记录中的内容，判断其污染物排放浓度和排放量是否满足许可排放限值要求，也可通过执法监测判断其污染物排放浓度是否满足许可排放限值要求。

10.2 产排污环节、污染治理设施及排放口符合许可证规定

淀粉工业排污单位实际的生产地点、主要生产单元、生产工艺、生产设施、污染治理设施的位置、编号与排污许可证相符，实际情况与排污许

可证载明的规模、参数等信息基本相符。所有有组织排放口和各类废水排放口的个数、类别、排放方式和去向等与排污许可证载明信息一致。

10.3 废水

淀粉工业排污单位各废水排放口污染物的排放浓度达标是指任一有效日均值（除 pH 值外）均满足许可排放浓度要求。各项废水污染物有效日均值采用自动监测、执法监测、排污单位自行开展的手工监测三种方法分类进行确定。

10.3.1 排放浓度合规判定

10.3.1.1 执法监测

按照监测规范要求获取的执法监测数据超过许可排放浓度限值的，即视为超标。根据 HJ/T 91 确定监测要求。

10.3.1.2 排污单位自行监测

a）自动监测

按照监测规范要求获取的自动监测数据计算得到有效日均浓度值（除 pH 值外）与许可排放浓度限值进行对比，超过许可排放浓度限值的，即视为超标。对于应当采用自动监测而未采用的排放口或污染物，即认为不合规。

对于自动监测，有效日均浓度是对应于以每日为一个监测周期内获得的某个污染物的多个有效监测数据的平均值。在同时监测污水排放流量的情况下，有效日均值是以流量为权的某个污染物的有效监测数据的加权平均值；在未监测污水排放流量的情况下，有效日均值是某个污染物的有效监测数据的算术平均值。

自动监测的有效日均浓度应根据 HJ/T 355、HJ/T 356 等相关文件要求确定。

b）手工监测

对于未要求采用自动监测的排放口或污染物，应进行手工监测。按照自行监测方案、监测规范要求进行手工监测，当日各次监测数据平均值或当日混合样监测数据（除 pH 值外）超过许可排放浓度限值的，即视为超标。

c）若同一时段的执法监测数据与排污单位自行监测数据不一致，以执法监测数据作为优先证据使用。

10.3.2 排放量合规判定

废水排放口污染物排放量合规指淀粉工业排污单位所有废水排放口污染物年实际排放量之和不超过相应污染物的年许可排放量。

10.4 废气

10.4.1 排放浓度合规判定

10.4.1.1 正常情况

淀粉工业排污单位有组织排放口的臭气浓度最大值达标是指“任一次测定均值满足许可限值要求”。除此之外，其余废气有组织排放口污染物或厂界无组织污染物排放浓度达标均是指“任一小时浓度均值均满足许可排放浓度要求”。废气污染物小时浓度均值根据排污单位自行监测（包括自动监测和手工监测）、执法监测进行确定。

a）执法监测

按照监测规范要求获取的执法监测数据超过许可排放浓度限值的，即视为超标。根据 GB/T 16157、HJ/T 397、HJ/T 55 确定监测要求。

b）排污单位自行监测

1）自动监测

按照监测规范要求获取的有效自动监测数据计算得到的有效小时浓度均值与许可排放浓度限值进行对比，超过许可排放浓度限值的，即视为超标。对于应当采用自动监测而未采用的排放口或污染物，即视为不合规。自动监测小时均值是指“整点 1 小时内不少于 45 分钟的有效数据的算术平均值”。

2）手工监测

对于未要求采用自动监测的排放口或污染物，应进行手工监测，按照自行监测方案、监测规范要求获取的监测数据计算得到的有效小时浓度均值超过许可排放浓度限值的，即视为超标。

根据 GB/T 16157 和 HJ/T 397，小时浓度均值指“连续 1 小时的采样获取平均值或 1 小时内等时间间隔采样 3～4 个样品监测结果的算术平均值”。

c）若同一时段的执法监测数据与排污单位自行监测数据不一致，以执法监测数据作为优先证据使用。

10.4.1.2 非正常情况

非正常情况包括锅炉启停时段。

锅炉如采用干（半干）法脱硫、脱硝措施，冷启动 1 小时、热启动 0.5 小时内监测数据不作为氮氧化物达标判定的时段。

若多台设施采用混合方式排放烟气，且其中一台处于启停时段，企业可自行提供烟气混合前各台设施有效监测数据的，按照企业提供数据进行达标判定。

待锅炉排污许可证申请与核发技术规范发布后从其规定。

10.4.2 排放量合规判定

淀粉工业排污单位各主要废气污染物许可排放量合规是指：

a）主要排放口实际排放量满足主要排放口年许可排放量；

b）排污单位实际排放量满足排污单位年许可排放量；

c）对于特殊时段有许可排放量要求的，特殊时段实际排放量满足特殊时段许可排放量。

淀粉工业排污单位开始生产、停止生产等非正常排放造成短时污染物排放量较大时，应通过加强正常运营时污染物排放管理、减少污染物排放量的方式，确保全厂污染物年排放量（正常排放与非正常排放之和）满足许可排放量要求。

10.4.3 无组织排放控制要求合规判定

淀粉工业排污单位排污许可证无组织排放源合规性以现场检查本标准 5.2.4 无组织控制要求落实情况为主，必要时，辅以现场监测方式判定淀粉工业排污单位无组织排放合规性。

10.5 管理要求合规判定

环境保护主管部门依据排污许可证中的管理要求，以及淀粉行业相关技术规范，审核环境管理台账记录和许可证执行报告；检查排污单位是否按照自行监测方案开展自行监测；是否按照排污许可证中环境管理台账记录要求记录相关内容，记录频次、形式等是否满足许可证要求；是否按照排污许可证中执行报告要求定期上报，上报内容是否符合要求等；是否按照排污许可证要求定期开展信息公开；是否满足特殊时段污染防治要求。

附录 A
（资料性附录）
环境管理台账记录参考表

资料性附录 A 由表 A.1～表 A.10 共 10 个表组成，仅供参考。

表 A.1 排污单位基本信息表

表 A.2 生产设施正常工况信息表

表 A.3 燃料信息表

表 A.4 废气污染防治设施基本信息与运行管理信息表

表 A.5 废水污染防治设施基本信息与运行管理信息表

表 A.6 非正常工况及污染防治设施异常情况信息表

表 A.7 有组织废气（手工/在线监测）污染物监测原始结果表

表 A.8 无组织废气污染物监测原始结果表

表 A.9 废水监测仪器信息表

表 A.10 废水污染物监测结果表

表 A.1 排污单位基本信息表

单位名称	生产经营场所地址	行业类别	法定代表人	统一社会信用代码	产品名称	生产工艺	生产规模	环保投资	环评批复文号[a]	排污权交易文件	排污许可证编号

注：[a] 列出环评批复文件文号、备案编号，或者地方政府出具的认定或备案文件文号。

记录时间：　　记录人：　　审核人：

表 A.2 生产设施正常工况信息表

生产单元	生产设施名称	编码	型号	规格参数[a]				设计生产能力		运行状态		生产负荷	产品产量				原辅料						
				参数名称	设计值	实际值	单位	生产能力	单位	开始时间[b]	结束时间[b]		中间产品[c]	单位	最终产品	单位	名称	种类	用量	单位	有毒有害元素		来源地
																					成分	占比	
原料系统	装卸料设施																						
	粮库（仓）																						
	料场																						
	输运设施																						
	……																						

生产单元	生产设施名称	编码	型号	规格参数[a]				设计生产能力		运行状态		生产负荷	产品产量				原辅料						
				参数名称	设计值	实际值	单位	生产能力	单位	开始时间[b]	结束时间[b]		中间产品[c]	单位	最终产品	单位	名称	种类	用量	单位	有毒有害元素		来源地
																					成分	占比	
淀粉生产	清理筛																						
	燃硫设备																						
	亚硫酸贮罐																						
	浸泡装置																						
	玉米破碎机																						
	胚芽旋流器																						
	……																						
淀粉糖生产	调浆罐																						
	糖化罐																						
	除渣过滤机																						
	活性炭吸附脱色装置																						
	离子交换除盐装置																						
	……																						

生产单元	生产设施名称	编码	型号	规格参数[a]				设计生产能力		运行状态		生产负荷	产品产量				原辅料						
				参数名称	设计值	实际值	单位	生产能力	单位	开始时间[b]	结束时间[b]		中间产品[c]	单位	最终产品	单位	名称	种类	用量	单位	有毒有害元素		来源地
																					成分	占比	
变性淀粉生产	调浆罐（或釜）																						
	混合机																						
	变性淀粉反应罐																						
	分离机																						
	压滤机																						
	……																						
淀粉制品	和面机																						
	熟化成型锅																						
	挤压或漏粉机																						
	化冰机																						
	……																						

生产单元	生产设施名称	编码	型号	规格参数[a]				设计生产能力		运行状态		生产负荷	产品产量				原辅料						
				参数名称	设计值	实际值	单位	生产能力	单位	开始时间[b]	结束时间[b]		中间产品[c]	单位	最终产品	单位	名称	种类	用量	单位	有毒有害元素 成分	有毒有害元素 占比	来源地
公用单元	锅炉																						
	废热利用装置																						
	液氨储罐																						
	厂内综合污水处理站																						
	……																						

注：[a] 指设施的设计规格参数，包括参数名称、设计值、实际值、计量单位；参数名称包括排污许可证载明的参数及其他参数；对于设计值与实际值相同的参数，可仅填报设计值。

[b] 开始时间、结束时间为记录频次内的起止时刻。

[c] 中间产品和单位可选填。

记录时间：　　　记录人：　　　审核人：

表 A.3 燃料信息表[a]

燃料名称	用量	低位热值	单位	品质[b]								
				燃煤				燃油		燃气		其他燃料
				含硫量（%）	灰分（%）	挥发分（%）	其他[c]	含硫量（%）	其他[c]	硫化氢含量（%）	其他[c]	相关物质含量
燃煤												
燃油												
燃气												
生物质												
……												

注：[a] 此表仅填写排污单位生产所用燃料情况，不包含移动源如车辆等设施燃料使用情况。

[b] 根据燃料类型对应填写，可以收到基品质为准。

[c] 指燃料燃烧后与污染物产生有关的成分。

记录时间：　　　　记录人：　　　　审核人：

表 A.4 废气污染防治设施基本信息与运行管理信息表[a]

污染防治设施名称	编码	型号	规格参数			运行状态			污染物排放情况				排气筒高度（m）	排口温度（℃）	压力（kPa）	排放时间（h）	耗电量（kWh/d）	副产物		药剂情况		
			参数名称	设计值	单位	开始时间	结束时间	是否正常	烟气量（m^3/h）	污染因子	治理效率（%）	数据来源						名称	产生量（t/d）	名称	添加时间	添加量（t）
										颗粒物												
										二氧化硫												
										氮氧化物												
										……												

注：[a] 应按污染防治设施分别记录，每一台污染防治设施填写一张信息表；具体设施参考表 3。

记录时间：　　　　记录人：　　　　审核人：

表 A.5　废水污染防治设施基本信息与运行管理信息表[a]

污染防治设施名称	编码	型号	废水类别[b]	规格参数			运行状态			污染物排放情况[c]					处理方式	耗电量（kWh/d）	污泥产生量（t/d）	药剂情况		
				参数名称	设计值	单位	开始时间	结束时间	是否正常	出口流量（m^3/d）	污染因子	治理效率（%）	数据来源	排放去向				名称	添加时间	添加量（t）
											pH 值									
											化学需氧量									
											氨氮									
											……									

注：[a] 应按污染防治设施分别记录，每一台污染防治设施填写一张信息表；具体设施参考表 2。

[b] 分为生活污水、厂内综合污水处理站综合污水。

[c] 生活污水处理设施、厂内综合污水处理站填写。

记录时间：　　　　记录人：　　　　审核人：

表 A.6　非正常工况及污染防治设施异常情况信息表

<table>
<tr><td rowspan="2">生产设施名称</td><td rowspan="2">生产设施编码</td><td rowspan="2">非正常工况起始时刻</td><td rowspan="2">非正常工况终止时刻</td><td colspan="2">产品产量</td><td colspan="2">原辅料消耗量</td><td colspan="2">燃料消耗量</td><td rowspan="2">事件原因</td><td rowspan="2">是否报告</td><td rowspan="2">应对措施</td></tr>
<tr><td>名称</td><td>产量</td><td>名称</td><td>消耗量</td><td>名称</td><td>消耗量</td></tr>
<tr><td></td><td></td><td></td><td></td><td></td><td></td><td></td><td></td><td></td><td></td><td></td><td></td><td></td></tr>
<tr><td rowspan="2">污染防治设施名称</td><td rowspan="2">污染防治设施编码</td><td rowspan="2">异常情况起始时刻</td><td rowspan="2">异常情况终止时刻</td><td colspan="6">污染物排放情况</td><td rowspan="2">事件原因</td><td rowspan="2">是否报告</td><td rowspan="2">应对措施</td></tr>
<tr><td colspan="2">污染因子</td><td>排放浓度</td><td>排放量</td><td colspan="2">排放去向</td></tr>
<tr><td></td><td></td><td></td><td></td><td colspan="2"></td><td></td><td></td><td colspan="2"></td><td></td><td></td><td></td></tr>
<tr><td colspan="13">记录时间：　　　　记录人：　　　　审核人：</td></tr>
</table>

表 A.7　有组织废气（手工/在线监测）污染物监测原始结果表

<table>
<tr><td rowspan="3">序号</td><td rowspan="3">排放口编号</td><td rowspan="3">监测日期</td><td rowspan="3">监测时间</td><td colspan="10">出口</td><td colspan="10">进口 [a]</td></tr>
<tr><td rowspan="2">标态干烟气量（Nm^3/h）</td><td rowspan="2">氧含量（%）</td><td colspan="2">颗粒物（mg/m^3）</td><td colspan="2">二氧化硫（mg/m^3）</td><td colspan="2">氮氧化物（mg/m^3）</td><td colspan="2">……</td><td rowspan="2">标态干烟气量（m^3/h）</td><td rowspan="2">氧含量（%）</td><td colspan="2">颗粒物（mg/m^3）</td><td colspan="2">二氧化硫（mg/m^3）</td><td colspan="2">氮氧化物（mg/m^3）</td><td colspan="2">……</td></tr>
<tr><td>监测结果</td><td>折标值</td><td>监测结果</td><td>折标值</td><td>监测结果</td><td>折标值</td><td>监测结果</td><td>折标值</td><td>监测结果</td><td>折标值</td><td>监测结果</td><td>折标值</td><td>监测结果</td><td>折标值</td><td>监测结果</td><td>折标值</td></tr>
<tr><td></td><td></td><td></td><td></td><td></td><td></td><td></td><td></td><td></td><td></td><td></td><td></td><td></td><td></td><td></td><td></td><td></td><td></td><td></td><td></td><td></td><td></td><td></td><td></td></tr>
<tr><td colspan="24">注：[a] 进口监测数据按照监测方法、设备条件、企业需求选择性填报。</td></tr>
<tr><td colspan="24">记录时间：　　　　记录人：　　　　审核人：</td></tr>
</table>

表 A.8　无组织废气污染物监测原始结果表

序号	生产设施编码/无组织排放编码[a]	监测日期	监测时间	污染因子	监测值（mg/m^3）
				颗粒物	
				二氧化硫	
				氮氧化物	
				……	
注：[a] 应按污染控制措施分别记录，每一控制措施填写一张监测原始结果表。					
			记录时间：	记录人：	审核人：

表 A.9　废水监测仪器信息表

排放口编码	污染物种类	监测采样方法及个数	监测次数	测定方法	监测仪器型号	备注
				记录时间：	记录人：	审核人：

表 A.10　废水污染物监测结果表

序号	排放口编码	监测日期	监测时间	出口						进口[a]					
				悬浮物（mg/m^3）	化学需氧量（mg/m^3）	氨氮（mg/m^3）	总氮（mg/m^3）	总磷（mg/m^3）	……	悬浮物（mg/m^3）	化学需氧量（mg/m^3）	氨氮（mg/m^3）	总氮（mg/m^3）	总磷（mg/m^3）	……
注：[a] 进口监测数据按照监测方法、设备条件、企业需求选择性填报。															
								记录时间：		记录人：		审核人：			

附录 B

（资料性附录）

排污许可证执行报告表格形式

资料性附录 B 由表 B.1～表 B.20 共 20 个表组成，仅供参考。

表 B.1　排污许可证执行情况汇总表

表 B.2　排污单位基本信息表

表 B.3　污染防治设施正常情况汇总表

表 B.4　污染防治设施异常情况汇总表

表 B.5　有组织废气污染物排放浓度监测数据统计表

表 B.6　有组织废气污染物排放速率监测数据统计表

表 B.7　无组织废气污染物浓度监测数据统计表

表 B.8　废水污染物排放浓度监测数据统计表

表 B.9　非正常工况有组织废气污染物排放浓度监测数据统计表

表 B.10　非正常工况无组织废气污染物浓度监测数据统计表

表 B.11　特殊时段有组织废气污染物排放浓度监测数据统计表

表 B.12　台账管理情况表

表 B.13　废气污染物实际排放量报表（季度报告）

表 B.14　废水污染物实际排放量报表（季度报告）

表 B.15　废气污染物实际排放量报表（年度报告）

表 B.16　废水污染物实际排放量报表（年度报告）

表 B.17　废气污染物实际排放量报表（特殊时段）

表 B.18　废气污染物超标时段小时均值报表

表 B.19　废水污染物超标时段日均值报表

表 B.20　信息公开情况报表

简化管理的排污单位无须填写表 B.20，在填报表 B.3、表 B.13～B.17 时仅需填写表中标有“*”的内容，除此之外，填报其他表格均与重点管理的排污单位相同。

表 B.1　排污许可证执行情况汇总表

项目	内容		报告周期内执行情况[a]	备注
1 排污单位基本情况	（一）排污单位基本信息	单位名称	□变化　□未变化	
		注册地址	□变化　□未变化	
		邮政编码	□变化　□未变化	
		生产经营场所地址	□变化　□未变化	
		行业类别	□变化　□未变化	
		生产经营场所中心经度	□变化　□未变化	
		生产经营场所中心纬度	□变化　□未变化	
		统一社会信用代码	□变化　□未变化	
		技术负责人	□变化　□未变化	
		联系电话	□变化　□未变化	
		所在地是否属于重点区域	□变化　□未变化	
		主要污染物类别及种类	□变化　□未变化	
		大气污染物排放方式	□变化　□未变化	
		废水污染物排放规律	□变化　□未变化	
		大气污染物排放执行标准名称	□变化　□未变化	
		水污染物排放执行标准名称	□变化　□未变化	
		设计生产能力	□变化　□未变化	

项目	内容			报告周期内执行情况[a]		备注
1 排污单位基本情况	（二）主要原辅材料及燃料	原料	原料①（自动生成）	年最大使用量	□变化　□未变化	
				硫元素占比	□变化　□未变化	
				有毒有害成分及占比	□变化　□未变化	
			……	……	□变化　□未变化	
		辅料	辅料①（自动生成）	年最大使用量	□变化　□未变化	
				硫元素占比	□变化　□未变化	
				有毒有害成分及占比	□变化　□未变化	
			……	……	□变化　□未变化	
		燃料	燃料①（自动生成）	灰分	□变化　□未变化	
				硫分	□变化　□未变化	
				挥发分	□变化　□未变化	
				热值	□变化　□未变化	
				年最大使用量	□变化　□未变化	
			……	……	□变化　□未变化	
	（三）产排污节点、污染物及污染防治设施	废气	污染防治设施①（自动生成）	防治污染物种类	□变化　□未变化	
				污染防治设施工艺	□变化　□未变化	
				排放形式	□变化　□未变化	
				排放口位置	□变化　□未变化	
			……	……	□变化　□未变化	
		废水	污染防治设施①（自动生成）	防治污染物种类	□变化　□未变化	
				污染防治设施工艺	□变化　□未变化	
				排放去向	□变化　□未变化	
				排放规律	□变化　□未变化	
				排放口位置	□变化　□未变化	
			……	……	□变化　□未变化	

项目	内容			报告周期内执行情况[a]	备注
2 环境管理要求	自行监测要求	排放口①（自动生成）	污染物种类	□变化 □未变化	
			监测设施	□变化 □未变化	
			自动监测是否联网	□变化 □未变化	
			自动监测仪器名称	□变化 □未变化	
			自动监测设施安装位置	□变化 □未变化	
			自动监测设施是否符合安装、运行、维护等管理要求	□变化 □未变化	
			手工监测采样方法及个数	□变化 □未变化	
			手工监测频次	□变化 □未变化	
			手工测定方法	□变化 □未变化	
		……	……	□变化 □未变化	

注：[a] 对于选择“变化”的，应在“备注”中说明原因。

表 B.2　排污单位基本信息表

<table>
<tr><th>序号</th><th>记录内容[a]</th><th colspan="2">名称</th><th>数量或内容</th><th>计量单位</th><th>备注[b]</th></tr>
<tr><td rowspan="2">1</td><td rowspan="2">主要原料用量</td><td colspan="2">原料①（自动生成）</td><td></td><td></td><td></td></tr>
<tr><td colspan="2">……</td><td></td><td></td><td></td></tr>
<tr><td rowspan="2">2</td><td rowspan="2">主要辅料用量</td><td colspan="2">辅料①（自动生成）</td><td></td><td></td><td></td></tr>
<tr><td colspan="2">……</td><td></td><td></td><td></td></tr>
<tr><td rowspan="9">3</td><td rowspan="9">能源消耗[c]</td><td rowspan="5">燃料①
（自动生成）</td><td>用量</td><td></td><td></td><td></td></tr>
<tr><td>硫分</td><td></td><td>%</td><td></td></tr>
<tr><td>灰分</td><td></td><td>%</td><td></td></tr>
<tr><td>挥发分</td><td></td><td>%</td><td></td></tr>
<tr><td>热值</td><td></td><td></td><td></td></tr>
<tr><td>……</td><td>……</td><td></td><td></td><td></td></tr>
<tr><td colspan="2">蒸汽消耗量</td><td></td><td>MJ</td><td></td></tr>
<tr><td colspan="2">用电量</td><td></td><td>kWh</td><td></td></tr>
<tr><td colspan="2">……</td><td></td><td></td><td></td></tr>
<tr><td rowspan="2">4</td><td rowspan="2">生产规模</td><td colspan="2">生产单元①（自动生成）</td><td></td><td></td><td></td></tr>
<tr><td colspan="2">……</td><td></td><td></td><td></td></tr>
<tr><td rowspan="4">5</td><td rowspan="4">运行时间</td><td rowspan="3">生产单元①
（自动生成）</td><td>正常运行时间</td><td></td><td>h</td><td></td></tr>
<tr><td>非正常运行时间</td><td></td><td>h</td><td></td></tr>
<tr><td>停产时间</td><td></td><td>h</td><td></td></tr>
<tr><td>……</td><td>……</td><td></td><td></td><td></td></tr>
<tr><td rowspan="2">6</td><td rowspan="2">主要产品产量</td><td colspan="2">产品①（自动生成）</td><td></td><td></td><td></td></tr>
<tr><td colspan="2">……</td><td></td><td></td><td></td></tr>
<tr><td rowspan="2">7</td><td rowspan="2">取排水[d]</td><td colspan="2">取水量</td><td></td><td></td><td></td></tr>
<tr><td colspan="2">废水排放量</td><td></td><td></td><td></td></tr>
<tr><td>8</td><td colspan="3">全年生产负荷[e]</td><td></td><td>%</td><td></td></tr>
</table>

序号	记录内容[a]	名称	数量或内容	计量单位	备注[b]
9	污染防治设施计划投资情况（执行报告周期如涉及）[f]	治理设施类型[g]		/	
		开工时间		万元	
		建成投产时间			
		计划总投资			
		报告周期内累计完成投资		万元	
		……			
10	其他内容	……			

注：[a] 排污单位可根据自身特征补充细化列表中相关内容。列表中未能涵盖的信息，排污单位可以文字形式另行说明。

[b] 如与排污许可证载明事项不符的，在“备注”中说明变化情况及原因。

[c] 能源类型中的用量、硫分、灰分、挥发分、热值原则上指报告时段内全厂各批次收到基燃料的加权平均值，以入厂数据来衡量；排污单位也可使用入炉数据并在备注中说明；对于液体或气体燃料，可只填报用量、硫分、热值；热值指燃料低位发热量。

[d] 取水量指排污单位生产用水和生活用水的合计总量。废水排放量指排污单位生产废水、生活污水的合计总量。

[e] 全年生产负荷指全年最终产品产量除以设计产能。

[f] 如报告周期有污染治理投资的，填写有关内容。

[g] 治理设施类型指颗粒物废气治理设施、二氧化硫废气治理设施、氮氧化物废气治理设施、其他废气治理设施、废水治理设施等。

表 B.3 污染防治设施正常情况汇总表

类别	污染防治设施[a]					备注
	名称	编码	运行参数	数量	单位	
废水	污染防治设施①（自动生成）		运行时间*		h	
			废水处理量*		t	
			废水回用量		t	
			废水排放量		t	
			耗电量		kWh	
			××药剂使用量		kg	
			××水污染物处理效率[c]		%	
			运行费用[d]*		万元	

类别	污染防治设施[a]					备注
	名称	编码	运行参数	数量	单位	
废水	污染防治设施①（自动生成）		污泥产生量		t	
			污泥平均含水率		%	
			……	……	……	
	……	……	……	……	……	
废气	除尘设施①（自动生成）		运行时间*		h	
			平均除尘效率[c]		%	
			除尘灰产生量		t	
			布袋除尘器清灰周期及换袋情况			
			运行费用[e]*		万元	
			……	……	……	
	……	……	……	……	……	
	脱硫设施①（自动生成）		运行时间*		h	
			脱硫剂用量*		t	
			平均脱硫效率[c]		%	
			脱硫固废产生量		t	
			运行费用[e]*		万元	
			……	……	……	
	……	……	……	……	……	
	脱硝设施①（自动生成）		运行时间*		h	
			脱硝剂用量*		t	
			平均脱硝效率[c]		%	
			脱硝固废产生量		t	
			运行费用[e]*		万元	
			……	……	……	
	……	……	……	……	……	
	除臭设施①（自动生成）		运行时间*		h	
			除臭剂用量*		t	

类别	污染防治设施[a]					备注
	名称	编码	运行参数	数量	单位	
废气	除臭设施①（自动生成）		平均除臭效率[c]		%	
			除臭固废产生量		t	
			运行费用[e*]		万元	
			……	……	……	
	……	……	……	……	……	
	其他设施[b]①（自动生成）		……	……	……	
	……	……	……	……	……	

注：[a] 排污单位根据自身特征细化列表中内容，如有相关内容则填写，无相关内容则不填写。列表中未涵盖的信息，排污单位可以文字形式另行说明。

[b] 其他防治设施中包括无组织排放大气污染物等防治设施。

[c] 水污染物处理效率/平均除尘效率/平均脱硫效率/平均脱硝效率/平均除臭效率为报告期内算术平均值。

[d] 废水污染防治设施运行费用主要为药剂、电等的消耗费用，不包括人工、绿化、设备折旧和财务费用等。

[e] 废气污染防治设施运行费用主要为脱硫/脱硝剂等的消耗费用，不包括人工、绿化、设备折旧和财务费用等。

表 B.4　污染防治设施异常情况汇总表

故障设施	设施编码	时段		故障原因	各排放因子浓度（mg/m^3）		采取的应对措施
		开始时间	结束时间		（自行填写）	……	
废气污染防治设施[a]							
废水污染防治设施[b]							

注：[a] 如废气污染防治设施异常，排放因子填写二氧化硫、氮氧化物、颗粒物等。

[b] 如废水污染防治设施异常，排放因子填写化学需氧量、氨氮等。

表 B.5 有组织废气污染物排放浓度监测数据统计表

排放口编码	污染物种类	污染防治设施编码	监测设施	有效监测数据（小时值）数量[a]	许可排放浓度限值（mg/m³）	监测结果（折标，小时浓度，mg/m³）			超标数据数量	超标率[b]（%）	备注[c]
						最小值	最大值	平均值			
自动生成	自动生成	自动生成	自动生成		自动生成						
	……	……			……						
……	……	……			……						

注：[a] 若采用自动监测，有效监测数据数量为报告周期内剔除异常值后的数量；若采用手工监测，有效监测数据数量为报告周期内的监测次数；若采用自动和手工联合监测，有效监测数据数量为两者有效数据数量的总和。

[b] 超标率是指超标的监测数据数量占总有效监测数据数量的比例。

[c] 监测要求与排污许可证不一致的原因以及污染物浓度超标原因等在“备注”中进行说明。

表 B.6　有组织废气污染物排放速率监测数据统计表[a]

排放口编码	污染物种类	污染防治设施编码	监测设施	有效监测数据数量[b]	许可排放速率（kg/h）	实际排放速率（kg/h）			超标数据数量	超标率[c]（%）	备注[d]
						最小值	最大值	平均值			
自动生成	自动生成	自动生成	自动生成		自动生成						
	……	……	……		……						
……	……	……	……		……						

注：[a] 如排污许可证未许可排放速率，可不填此表。

[b] 若采用自动监测，有效监测数据数量为报告周期内剔除异常值后的数量；若采用手工监测，有效监测数据数量为报告周期内的监测次数；若采用自动和手工联合监测，有效监测数据数量为两者有效数据数量的总和。

[c] 超标率是指超标的监测数据数量占总有效监测数据数量的比例。

[d] 监测要求与排污许可证不一致的原因以及污染物排放速率超标原因等在“备注”中进行说明。

表 B.7　无组织废气污染物浓度监测数据统计表[a]

监测点位/设施	生产设施/无组织排放编码	监测时间	污染物种类	许可排放浓度限值（mg/m^3）	监测结果（折标，小时浓度，mg/m^3）	是否超标及超标原因	备注[b]
自动生成	自动生成		自动生成	自动生成			
	……		……	……			
……	……		……	……			

注：[a] 如排污许可证无无组织排放废气监测要求，可不填此表。

[b] 监测要求与排污许可证不一致的原因等在“备注”中进行说明。

表 B.8 废水污染物排放浓度监测数据统计表

排放口编码	污染物种类	监测设施	有效监测数据（日均值）数量[a]	许可排放浓度限值（mg/L）	浓度监测结果（日均浓度，mg/L）			超标数据数量	超标率[b]（%）	备注[c]
					最小值	最大值	平均值			
自动生成	自动生成	自动生成		自动生成						
	……	……		……						
……	……	……		……						

注：[a] 若采用自动监测，有效监测数据数量为报告周期内剔除异常值后的数量；若采用手工监测，有效监测数据数量为报告周期内的监测次数；若采用自动和手动联合监测，有效监测数据数量为两者有效数据数量的总和。

[b] 超标率是指超标的监测数据数量占总有效监测数据数量的比例。

[c] 监测要求与排污许可证不一致的原因以及污染物浓度超标原因等在“备注”中进行说明。

表 B.9 非正常工况有组织废气污染物排放浓度监测数据统计表

时段		排放口编码	污染物种类	有效监测数据（小时值）数量[a]	许可排放浓度限值（mg/m^3）	浓度监测结果（折标，小时浓度，mg/m^3）			超标数据数量	超标率[b]（%）	备注[c]
开始时间	结束时间					最小值	最大值	平均值			
		自动生成	自动生成		自动生成						
			……		……						
		……	……		……						

注：[a] 若采用自动监测，有效监测数据数量为报告周期内剔除异常值后的数量；若采用手工监测，有效监测数据数量为报告周期内的监测次数；若采用自动和手动联合监测，有效监测数据数量为两者有效数据数量的总和。

[b] 超标率是指超标的监测数据数量占总有效监测数据数量的比例。

[c] 监测要求与排污许可证不一致的原因以及污染物浓度超标原因等在“备注”中进行说明。

表 B.10 非正常工况无组织废气污染物浓度监测数据统计表[a]

时段		生产设施/无组织排放编码	监测时间	污染物种类	监测次数	许可排放浓度限值（mg/m^3）	浓度监测结果（折标，小时浓度，mg/m^3）	是否超标及超标原因	备注[b]
开始时间	结束时间								
		自动生成		自动生成		自动生成			
				……		……			
		……		……		……			

注：[a] 如排污许可证无无组织排放废气监测要求，可不填此表。

[b] 监测要求与排污许可证不一致的原因等在“备注”中进行说明。

表 B.11 特殊时段有组织废气污染物排放浓度监测数据统计表

记录日期	排放口编码	污染物种类	污染防治设施编码	监测设施	有效监测数据（小时值）数量[a]	许可排放浓度限值（mg/m^3）	监测结果（折标，小时浓度，mg/m^3）			超标数据数量	超标率[b]（%）	备注[c]
							最小值	最大值	平均值			
	自动生成	自动生成	自动生成	自动生成		自动生成						
		……	……	……		……						
	……	……	……	……		……						

注：[a] 若采用自动监测，有效监测数据数量为报告周期内剔除异常值后的数量；若采用手工监测，有效监测数据数量为报告周期内的监测次数；若采用自动和手工联合监测，有效监测数据数量为两者有效数据数量的总和。

[b] 超标率是指超标的监测数据数量占总有效监测数据数量的比例。

[c] 监测要求与排污许可证不一致的原因以及污染物浓度超标原因等在“备注”中进行说明。

表 B.12 台账管理情况表

序号	记录内容	是否完整	说明
	自动生成	□是 □否	
	……	□是 □否	
	……	□是 □否	

表 B.13　废气污染物实际排放量报表（季度报告）

排放口类型	排放口/生产设施/无组织排放编码	月份	污染物种类	实际排放量（t）	许可排放量[b]（t）	是否合规及不合规原因[b]	备注
主要排放口	自动生成		自动生成				
			……				
			自动生成				
			……				
			自动生成				
			……				
		季度合计	自动生成				
			……				
	……	……	……				
其他合计[a]			自动生成				
			……				
			自动生成				
			……				
			自动生成				
			……				
		季度合计	自动生成				
			……				

排放口类型	排放口/生产设施/无组织排放编码	月份	污染物种类	实际排放量（t）	许可排放量[b]（t）	是否合规及不合规原因[b]	备注
全厂合计*			自动生成				
			……				
			自动生成				
			……				
			自动生成				
			……				
		季度合计	自动生成				
			……				

注：[a] 其他合计指除主要排放口以外的污染物实际排放量合计，如一般排放口、无组织排放以及其他排放情形等。如排污许可证未规定此类许可排放量要求，可不填写。

[b] 如排污许可证未规定季度/月度许可排放量要求，可不填写。

表 B.14 废水污染物实际排放量报表（季度报告）

排放口类型	排放口编码	月份	污染物种类	实际排放量（t）	许可排放量[b]（t）	是否合规及不合规原因[b]	备注
主要排放口	自动生成		自动生成				
			……				
			自动生成				
			……				
			自动生成				
			……				
		季度合计	自动生成				
			……				
	……	……	……				
一般排放口合计[a]			自动生成				
			……				
			自动生成				
			……				
			自动生成				
			……				
		季度合计	自动生成				
			……				

排放口类型	排放口编码	月份	污染物种类	实际排放量（t）	许可排放量[b]（t）	是否合规及不合规原因[b]	备注
全厂合计*			自动生成				
			……				
			自动生成				
			……				
			自动生成				
			……				
		季度合计	自动生成				
			……				

注：[a] 如排污许可证未规定一般排放口许可排放量要求，可不填写。

[b] 如排污许可证未规定季度/月度许可排放量要求，可不填写。

表 B.15 废气污染物实际排放量报表（年度报告）

排放口类型	排放口/生产设施/无组织排放编码	季度	污染物种类	实际排放量（t）	许可排放量[b]（t）	是否合规及不合规原因[b]	备注
主要排放口	自动生成	第一季度	自动生成				
			……				
		第二季度	自动生成				
			……				
		第三季度	自动生成				
			……				
		第四季度	自动生成				
			……				
		年度合计	自动生成				
			……				
	……	……	……				
其他合计[a]		第一季度	自动生成				
			……				
		第二季度	自动生成				
			……				
		第三季度	自动生成				
			……				
		第四季度	自动生成				
			……				
		年度合计	自动生成				
			……				

排放口类型	排放口/生产设施/无组织排放编码	季度	污染物种类	实际排放量（t）	许可排放量[b]（t）	是否合规及不合规原因[b]	备注
全厂合计*		第一季度	自动生成				
			……				
		第二季度	自动生成				
			……				
		第三季度	自动生成				
			……				
		第四季度	自动生成				
			……				
		年度合计	自动生成				
			……				

注：[a] 其他合计指除主要排放口以外的污染物实际排放量合计，如一般排放口、无组织排放以及其他排放情形等。如排污许可证未规定此类许可排放量要求，可不填写。

[b] 如排污许可证未规定季度许可排放量要求，可不填写。

表 B.16 废水污染物实际排放量报表（年度报告）

排放口类型	排放口/生产设施/无组织排放编码	季度	污染物种类	实际排放量（t）	许可排放量[b]（t）	是否合规及不合规原因[b]	备注
主要排放口	自动生成	第一季度	自动生成				
			……				
		第二季度	自动生成				
			……				
		第三季度	自动生成				
			……				
		第四季度	自动生成				
			……				
		年度合计	自动生成				
			……				
	……	……	……				
一般排放口合计[a]		第一季度	自动生成				
			……				
		第二季度	自动生成				
			……				
		第三季度	自动生成				
			……				
		第四季度	自动生成				
			……				
		年度合计	自动生成				
			……				

排放口类型	排放口/生产设施/无组织排放编码	季度	污染物种类	实际排放量（t）	许可排放量[b]（t）	是否合规及不合规原因[b]	备注
全厂合计*		第一季度	自动生成				
			……				
		第二季度	自动生成				
			……				
		第三季度	自动生成				
			……				
		第四季度	自动生成				
			……				
		年度合计	自动生成				
			……				

注：[a] 如排污许可证未规定一般排放口许可排放量要求，可不填写。

[b] 如排污许可证未规定季度许可排放量要求，可不填写。

表 B.17 废气污染物实际排放量报表（特殊时段）[a]

日期	废气类型	排放口编号/生产设施或无组织排放编号		污染物种类	日实际排放量（t）	日许可排放量（t）	是否合规及不合规原因	备注
	有组织废气	主要排放口	自动生成	自动生成				
				……				
			……	……				
		一般排放口[b]	自动生成	自动生成				
				……				
			……	……				
	无组织废气[c]	自动生成		自动生成				
				……				
		……		……				
	全厂合计*			自动生成				
				……				
……				……				

注：[a] 如排污许可证未规定特殊时段日许可排放量要求，可不填写此表。
[b] 如排污许可证未规定特殊时段一般排放口废气污染物日许可排放量要求，可不填写。
[c] 如排污许可证未规定特殊时段无组织排放废气的日许可排放量要求，可不填写。

表 B.18 废气污染物超标时段小时均值报表

日期	时间	生产设施编码	有组织排放口编码/无组织排放编码	超标污染物种类	实际排放浓度（折标，mg/m^3）	超标原因说明

表 B.19 废水污染物超标时段日均值报表

日期	时间	排放口编号	超标污染物种类	实际排放浓度（mg/L）	超标原因说明

表 B.20 信息公开情况报表

序号	分类	执行情况	是否符合相关规定要求	备注[a]
1	公开方式		□是 □否	
2	时间节点		□是 □否	
3	公开内容		□是 □否	
……	……	……	……	
注：[a] 信息公开情况不符合排污许可证要求的，在“备注”中说明原因。				

附录 C
（资料性附录）
淀粉工业的废水产污系数

C.1 淀粉工业废水的产污系数

C.1.1 根据企业实际情况，主要淀粉工业废水的产污系数按表 C.1 取值。

表 C.1 主要淀粉工业废水的产污系数

产品名称	原料名称	工艺名称	规模等级	污染物指标	单位	产污系数
玉米淀粉	玉米	湿法	所有规模	工业废水量	t/t-产品	2.7
				化学需氧量	g/t-产品	15 000
				氨氮	g/t-产品	187.5
				总氮	g/t-产品	750
				总磷	g/t-产品	25
木薯淀粉	木薯	湿法	日处理木薯≥100 t	工业废水量	t/t-产品	7.8
				化学需氧量	g/t-产品	80 000
				氨氮	g/t-产品	560
				总氮	g/t-产品	600
				总磷	g/t-产品	30
马铃薯淀粉	马铃薯	湿法	日处理马铃薯≥100 t	工业废水量	t/t-产品	7.7
				化学需氧量	g/t-产品	9 600
				氨氮	g/t-产品	350
				总氮	g/t-产品	230
				总磷	g/t-产品	20

产品名称	原料名称	工艺名称	规模等级	污染物指标	单位	产污系数
液体葡萄糖浆、麦芽糖浆	淀粉	酶法	年产量≥50 000 t	工业废水量	t/t-产品	2.5
				化学需氧量	g/t-产品	15 000
				氨氮	g/t-产品	65
				总氮	g/t-产品	300
				总磷	g/t-产品	30
液体葡萄糖浆、麦芽糖浆	淀粉	酶法	年产量＜50 000 t	工业废水量	t/t-产品	2.7
				化学需氧量	g/t-产品	16 000
				氨氮	g/t-产品	70
				总氮	g/t-产品	330
				总磷	g/t-产品	33

C.2 其他淀粉工业的废水产污系数

C.2.1 除表 C.1 中涉及的主要淀粉工业废水外，其他淀粉工业废水的产污系数根据式（C-1）确定。

$$产污系数=对应的表 C.1 中产污系数\times k_1 \quad (C-1)$$

式中：k_1——调整系数，根据产品、原料、规模取值，见表 C.2。

表 C.2 其他淀粉工业的废水产污系数调整表

序号	产品名称	原料名称	规模等级	对应的表 C.1 中产品名称及规模	调整系数 k_1
1	木薯淀粉	木薯	日处理木薯＜100 t	木薯淀粉，日处理木薯≥100 t	1.3（工业废水量） 1.0（水污染物量）
2	马铃薯淀粉	马铃薯	日处理马铃薯＜100 t	马铃薯淀粉，日处理马铃薯≥100 t	1.3（工业废水量） 1.0（水污染物量）
3	小麦淀粉	小麦	所有规模	玉米淀粉，所有规模	1.3
4	红薯（甘薯）淀粉	红薯	所有规模	马铃薯淀粉，日处理马铃薯≥100 t	1.0
5	绿豆淀粉、其他淀粉	绿豆、其他淀粉质原料	所有规模	马铃薯淀粉，日处理马铃薯≥100 t	2.0
6	淀粉乳	—	所有规模	相应淀粉	0.8（工业废水量） 0.9（水污染物量）
7	啤酒用糖浆	淀粉	年产量≥50 000 t	液体葡萄糖浆、麦芽糖浆，年产量≥50 000 t	1.0（酶法）

序号	产品名称	原料名称	规模等级	对应的表 C.1 中产品名称及规模	调整系数 k_1
8	啤酒用糖浆	淀粉	年产量＜50 000 t	液体葡萄糖浆、麦芽糖浆，年产量＜50 000 t	1.0（酶法）
9	F42 高果糖浆及其他液体糖产品	淀粉	年产量≥50 000 t	液体葡萄糖浆、麦芽糖浆，年产量≥50 000 t	1.2（酶法）
10	F42 高果糖浆及其他液体糖产品	淀粉	年产量＜50 000 t	液体葡萄糖浆、麦芽糖浆，年产量＜50 000 t	1.2（酶法）
11	其他果糖产品	淀粉	年产量≥50 000 t	液体葡萄糖浆、麦芽糖浆，年产量≥50 000 t	1.5（酶法）
12	其他果糖产品	淀粉	年产量＜50 000 t	液体葡萄糖浆、麦芽糖浆，年产量＜50 000 t	1.5（酶法）
13	葡萄糖和其他固体糖产品	淀粉	年产量≥50 000 t	液体葡萄糖浆、麦芽糖浆，年产量≥50 000 t	1.4（酶法，工业废水量） 1.1（酶法，水污染物量）
14	葡萄糖和其他固体糖产品	淀粉	年产量＜50 000 t	液体葡萄糖浆、麦芽糖浆，年产量＜50 000 t	1.4（酶法，工业废水量） 1.1（酶法，水污染物量）
15	麦芽糊精	淀粉	年产量≥50 000 t	液体葡萄糖浆、麦芽糖浆，年产量≥50 000 t	1.3（酶法）
16	麦芽糊精	淀粉	年产量＜50 000 t	液体葡萄糖浆、麦芽糖浆，年产量＜50 000 t	1.4（酶法）
17	菊粉产品	菊芋、菊苣	年产量＜50 000 t	液体葡萄糖浆、麦芽糖浆，年产量＜50 000 t	3.0
18	粉丝、粉条、粉皮产品	从基础原料①进行生产	所有规模	马铃薯淀粉，日处理马铃薯≥100 t	1
19	粉丝、粉条、粉皮产品	从成品淀粉②进行生产	所有规模	相应或相近淀粉	0.5
20	可溶性淀粉	——	所有规模	玉米淀粉，所有规模	1.0
21	醚化或酯化淀粉（从淀粉开始生产）	从成品淀粉进行生产	所有规模	玉米淀粉，所有规模	0.5

注：①基础原料泛指绿豆、豌豆等。

②成品淀粉泛指绿豆淀粉、豌豆淀粉、玉米淀粉等。